高等学校通用教材

"凡舟"教育基金资助出版

材料力学教学设计
与案例研讨
（第 2 版）

李 敏 著

北京航空航天大学出版社

内 容 简 介

本书基于"材料力学"课程经典教学内容,选择"相关内容的内在关联""假设条件的适用范围""问题的物理本质/数学抽象"三方面的若干问题,根据材料力学研究对象与研究方法的特点,对标学生能力培养体系的教学目标,引导学生全面思考与深入探究,培养"高阶性"思维模式,同时为基础力学青年教师在教学内容设计方面提供参考。

本书的主要读者对象是希望提高材料力学相关课程专业教学水平的青年教师,期望深入理解材料力学内容、构筑知识结构的学生,以及找寻材料力学研讨内容、相关课程授课素材的专业教师。

图书在版编目(CIP)数据

材料力学教学设计与案例研讨 / 李敏著. -- 2 版.
北京 : 北京航空航天大学出版社,2024.12. -- ISBN
978 - 7 - 5124 - 4603 - 8

Ⅰ. TB301

中国国家版本馆 CIP 数据核字第 2025J264P7 号

材料力学教学设计与案例研讨
(第 2 版)
李敏 著

策划编辑 龚雪 蔡喆 责任编辑 龚雪
*
北京航空航天大学出版社出版发行

北京市海淀区学院路 37 号(邮编 100191) http://www.buaapress.com.cn
发行部电话:(010)82317024 传真:(010)82328026
读者信箱:goodtextbook@126.com 邮购电话:(010)82316936
北京中献拓方科技发展有限公司印装 各地书店经销
*
开本:710×1 000 1/16 印张:12 字数:256 千字
2024 年 12 月第 2 版 2024 年 12 月第 1 次印刷
ISBN 978 - 7 - 5124 - 4603 - 8 定价:49.00 元

第 2 版前言

本书在第 1 版的基础上，根据"材料力学"教学研究工作的进展，修正与补充了较多内容，由原先的 13 章增加至 20 章，针对读者反馈建议对文字进行了修正，并结合作者在教学比赛与教学管理中的经验，撰写了与青年教师培养体系相关的章节。

本书第 1 版出版后，收到不少同行的反馈，其中一个共同的问题是章节的编排顺序，第 1 版中章节的编排顺序按照相关内容的内在关联、假设条件的适用范围、问题的物理本质或者数学抽象三个方面进行归类，但考虑到"材料力学"经典教材内容编排顺序以及读者的阅读习惯，此次改版按照同行的建议，对各章内容的顺序进行了重新整理。

特别感谢孟庆春教授与于靖军教授仔细审阅了全书，并提出了宝贵的修改意见。感谢"凡舟"教育基金对北航教师教育教学研究的支持，使教学研究工作显得更有意义。书中若有不当之处，望读者不吝指出，联系方式：limin@buaa.edu.cn。

作　者
2024 年 3 月

第1版前言

作为变形体力学的基础,"材料力学"属于高等院校工科机械大类的专业基础课程,相关教材众多,其中已有数本经典教材被国内外众多高校采用。这些教材尽管在内容上有些许差异,体系方法上遵循或混杂归纳法与演绎法,但作为常规教学用书,已完全能够满足教师与学生的基本需求。

随着计算机运算能力的提高与相关商业软件的成熟,相对于数学方程的解算能力,工程技术人员对于复杂系统工程问题的建模与简化能力,以及对分析结果正确性与准确性的判断能力已成为更为重要的方面。只有深刻理解问题的物理本质,才能对研究对象的特性有全面准确的把握,从而基于现有条件解决非常规任务。由此,探究问题机理本质的能力成为评价专业核心竞争力的重要指标,也是高等学校课程教学改革面临的新任务。

编写本教材的动机可总结为:第一,基于专业知识框架培养学生的思维模式;第二,基于课程内容设计培训讲授相关课程的青年教师。本书绪论中详细说明了本书的服务对象、基本逻辑与实现途径,此处不再赘述。

本书内容是作者在教学工作中的思考与体会,希望通过本书与相关课程,达到相互交流、共同提高的目的,书中若有不当之处,望读者不吝指出,联系方式:limin@buaa.edu.cn。

作 者

2021 年 6 月

目　录

第1章 绪 论

1.1 服务对象与目的

作为变形体力学的基础,"材料力学"属于高等院校工科机械大类的专业基础课程,相关教材众多,其中数本已成为经典教材并为众多高校采用[1-6]。这些教材尽管在内容上有些许差异,体系方法上遵循或混杂归纳法与演绎法,但作为常规教学用书,已完全能够满足教师与学生的基本需求。

为了说明写作本书的目的,首先给出本书的服务对象,然后解释其中的逻辑关系。

本书内容主要服务于:

① 希望提高材料力学相关课程专业教学水平的青年教师;

② 期望深入理解材料力学内容、构筑知识结构的学生;

③ 找寻材料力学研讨内容或相关课程授课素材的专业教师。

与上述服务对象相对应,编写本书的三个目的,也是本书内容选择的指导思想是:

① 提高青年教师专业教学水平;

② 辅助学生形成知识结构+训练思维模式;

③ 提供研讨型教学的支撑素材。

对于最后一项针对教学方式的改进——提供部分研讨课程的补充素材,该目的容易理解且无需解释。对于学生或者老师而言,其他两个目的所给出的愿景"看起来很美",但是无论作为选择素材进行写作的作者,还是准备花费一定时间和精力去学习相关内容的读者,总会有一些问题或者疑惑。作为学生利用这些时间完全可以学习一门新的课程,是否有必要花费更多的时间和精力去学习一门基础课程的提高内容?即便这样做是有意义的,通过何种环节可以达成这样的目的? 这是作者与读者都需要考虑的问题。

为了说明这个问题,请允许我"把镜头拉得远一点",在更大的空间尺度和更长的时间跨度审视高等学校的教育教学过程。

1.2 编写动机与逻辑

人才培养是高等学校的中心任务,既然谈到任务就一定有目标。世界各大高校均采用"毕业生所具备的知识结构和能力体系"来表述培养目标,具体到文本描述,就是高校各专业的专业培养计划。

在专业培养计划的课程体系中,每一门课程均须支撑学生的知识结构与能力体系的部分指标。在具体的教学活动中,老师和学生共同实施教学流程,完成培养目标。我们期望在教学活动中达成以下两个目标:

① 学生得到系统的专业知识学习＋全面的能力体系培训;

② 教师获得教学基本功训练＋课程内容系统深入的理解。

按中国古语,前者为"术"后者为"道",相对而言后者层次更高、更为重要。

针对学生培养,我们希望毕业生具备何种能力?美国麻省理工学院曾经给出了7大类35项能力体系,见表1.1。该表中的7大类项目很少涉及某一门课程或者某一个专业,甚至某一个学科的内容。该体系主要指明了经过高等学校学习后,学生应该具备的重要能力,例如:分析问题、解决问题的能力;如何简化建模;如何进行估计和定性分析,如何处理不确定性的问题;具备全方位思维的能力,包括确定主次和重点,以及解决问题时的妥协、判断和平衡;如何进行团队协作;如何进行书面与口头表达等。

表1.1 学生能力培养体系指标点

能　　力	对应指标点
1 工程推理和解决问题的能力	1.1 发现问题和系统地表述问题 1.2 建模 1.3 估计与定性分析 1.4 带有不确定性的分析 1.5 解决方法和建议
2 实验和发现知识	2.1 建立假设 2.2 查询印刷资料和电子文献 2.3 实验性的探索 2.4 假设检验与答辩
3 系统思维	3.1 全方位思维 3.2 系统的显现和交互作用 3.3 确定主次与重点 3.4 解决问题时的妥协、判断和平衡
4 个人能力和态度	4.1 主动性与愿意承担风险 4.2 执着与变通 4.3 创造性思维 4.4 批判性思维 4.5 了解个人的知识、能力和态度 4.6 求知欲和终身学习 4.7 时间和资源的管理

续表 1.1

能　力	对应指标点
5 职业能力和态度	5.1 职业道德、正直、责任感 5.2 职业行为 5.3 主动规划个人职业 5.4 与世界工程发展保持同步
6 团队工作	6.1 组建有效的团队 6.2 团队工作运行 6.3 团队成长和演变 6.4 领导能力 6.5 形成技术团队 6.6 交流
7 交流的策略	7.1 交流的结构 7.2 书面的交流 7.3 电子及多媒体交流 7.4 图表交流 7.5 口头表达和人际交流

对于教师而言,教学基本功是职业教师的基本技能,例如授课的语速语调、PPT制作与美化、板书安排与书写、课堂氛围调动、时间把控以及授课内容的熟练程度等。目前各省市及高校大量举办的青年教师教学比赛的评委多为大评委(非同一专业课程的教师),这类比赛主要考核教师的教学基本功。即便教师具备较强的教学基本功、丰富的课堂经验,也不等于教师对于课程内容与体系有深入的理解,而对课程内容与体系的深入理解反而是主动或者有意识培养学生能力的基础与关键。

为了说明其中的逻辑关系,我们从青年教师成长(见图 1.1)与学生学习(见图 1.2)的视角观察教育教学的时间历程。

对于青年教师而言,开课初期往往主要关注需要讲述的基本内容,根据逻辑关系分类主次、确定重点,同时体会难易程度、设定难点。

在绝大部分工科课程的具体讲课过程中,以背景与问题导入,讲解主体内容后扩展理论知识的工程应用,这是常规模式,也是站在教师视角考虑教学问题的一般性方式(见图 1.1 中前后箭头方向)。

随着讲课轮次迭代中反馈的问题以及与学生的交流,教师将逐步了解学生基础知识水平,也会有部分教师进而查阅所教课程的先修课程与后续课程,并以此为依据,在课堂教学中界定讲述内容的"边界",为后续的课程留好"接口"(见图 1.1 中左右箭头方向)。

如果老师具备较好的大类学科基础,学习过教育学基础知识并了解专业培养的目标,就可以在理解课程内涵与物理本质的基础上,有意识地培养学生的能力(见

图 1.1 中上下箭头方向)。

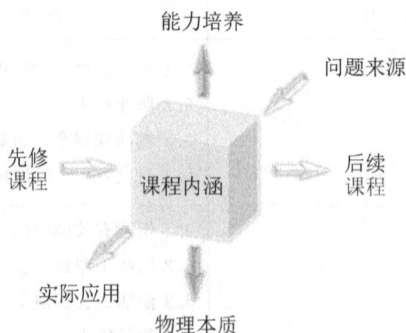

图 1.1　从青年教师成长的视角观察教育教学过程

体会图 1.1 的空间结构,前后箭头方向基本上是出于教师完成教学任务的视角考虑问题;左右箭头方向是站在服务学生的角度考虑问题;上下箭头方向是站在培养学生能力的角度考虑问题,这是比较优秀的教育工作者的视角。

尽管教师在讲解专业知识时会涉及学生能力培养,但往往是无意识的行为或者并不以此为目的,如果考虑针对学生能力体系指标点的训练,授课内容的选择和时间分配与仅考虑知识传授的模式必然有较大的差异。这种针对学生能力培养的课程内容设计,要求教师对课程内容的内涵有系统深入的理解,在此基础上才可能参照能力指标点设计教学内容并实施。

以学生的视角观察学习过程如图 1.2 所示,上课学习的大部分时间就是在接受教师讲授的一个又一个知识点。从学习效果衡量,仅有知识点的接触是不够的,学生需要在理解的基础上形成自我感觉合理的知识点逻辑体系,到这种阶段学生才感觉自己是真正掌握了所学内容。

形成这种知识点逻辑体系需要学习者经历对所学内容的总结与归纳过程,按教育心理学理论,该过程实际上是一种思维模式的训练,例如全局性、批判性、创造性的思维模式训练,也就是所谓的高阶思维。2019—2020 年中国教育部重点推动一流课程建设,也就是"金课",其中提及"两性一度"中的高阶性思维,就是提倡类似的思维模式训练。

辅助学生形成知识结构+训练思维模式,需要通过载体或环节实施。事实上,习题的练习就是一种载体或者环节,只不过"仿制例题"的传统课后习题模式相对基础且局部,对于高阶思维的训练层次不够且效率较低。通过何种环节或载体可以更加高效地达成目的,是否可以通过特定教学内容的研讨达成以上目的,这就是本书写作的初衷与素材选择的标准。

综上所述,期望本书的内容能够引导教师深入理解材料力学的内涵,辅助学生形成比较完整的知识结构,进而培养学生的能力体系。

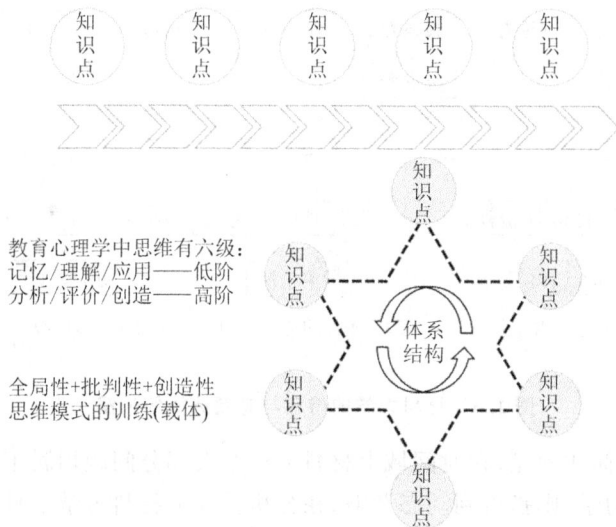

图 1.2　从学生学习的视角观察教育教学过程

1.3　内容选择与依据

为了达成以上的目的,本书选择了以下三个方面的内容作为"载体":

① 相关内容的内在关联;

② 假设条件的适用范围;

③ 问题的物理本质或者数学抽象。

选择这三个方面的内容,是基于作者对材料力学课程特征的理解与教学体会(见图 1.3)。材料力学作为工科机械大类的专业基础课,其先修课程较少,即便图 1.3 中列出了高等数学和理论力学,这两门课程在内容上与材料力学的关联也非常少;但是材料力学的后续课程比较多,这与其所具有的重要特征相关,即材料力学首先引入或者考虑了物体的变形。正是因为考虑了物体的变形,材料力学在内容、方法和领域上特征明显,这里将其概括为"内容新、方法简、领域广":

① 内容新:正是因为考虑了变形,所以引入了内力、应力、应变等相关新概念;在目标上有安全性的三个指标——强度、刚度、稳定性;在流程上有强度校核流程、变形表征与计算模式以及稳定性分类的标准。与已有基础可以关联的课程不同,对于全新的概念和内容,学生学习时形成自我理解的逻辑体系非常重要,而通过相关内容内在关联的分析达成目的是高效可行的途径。

② 方法简:也正是因为内容全新,所以研究对象与分析模式必须简单。材料力学的研究对象在几何上简化为一维的杆件,结构力学最简单的研究对象是杆系结构,而弹性力学主要针对二维的板和三维的体;在材料性质上材料力学使用连续、均匀、

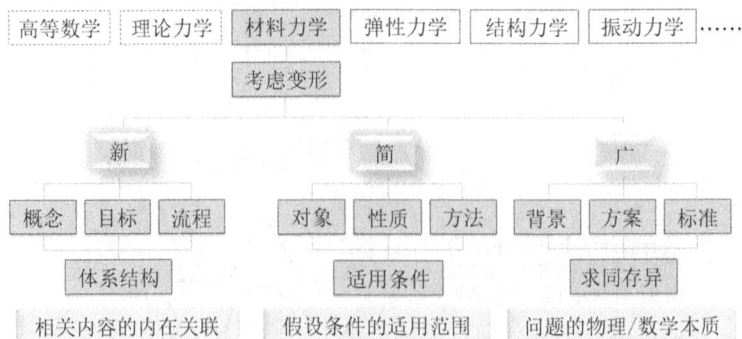

图 1.3　材料力学的特色与专题选择的依据

各向同性的假设简化模型;在时间域上材料力学绝大部分问题均属于静态问题,而振动力学(结构动力学)则扩展到动态范畴;在分析模式上材料力学最具特色,因为材料力学的分析过程建立在多种假设的基础上,而弹性力学为了避免使用这些假设不得不引入大量复杂的数学推导过程。正是因为在分析过程中基于假设对问题进行了简化,所以得到的结论一定有适用范围。明确适用范围,以及考虑如果不满足适用范围所带来的影响,对于正确与准确应用基本理论解决实际问题非常重要。

③ 领域广:由于结构安全性涉及的工程领域非常广,所以材料力学基本理论在航空航天、机械、土木、海洋、交通运输,甚至地球物理、材料、生物、电子、通信等领域都有应用。在不同领域中问题的表述方式、解决问题的方法以及安全性判断的标准并非完全一致,所以掌握问题的物理本质或者数学抽象,对于利用所学知识解决不同领域的问题非常关键。

在多年材料力学教学答疑与相关教学研究的素材中,作者选取与上述三个方面关系紧密的内容形成了本书的 19 章。为了保证阐述问题时主线逻辑的完整性,每个章节可能涉及常规教材内容的一个或多个章节,也会包含以上提及内容、方法与领域的多个方面,但考虑到读者的阅读习惯与教师教学的需求,本书章节尽量依照材料力学经典教材内容的顺序进行编排。在每个章节的介绍或小结部分中给出作者对该类问题的思考与学习建议,同时对照学生能力培养体系(见表 1.1)给出对应指标点,便于教师和学生聚焦领域与定位问题。

1.4　使用建议与说明

本书可以作为材料力学类研讨性课程的研讨课教材、高校材料力学课程青年教师的培训教材、教学参考书以及具备材料力学基础知识学生的复习与提高资料。

作为研讨与提高的内容,本书不设常规的习题,而以概念性问题与开放性问题引导学习者开展思考,培养研究与探索的能力。如果本书内容作为独立课程讲述,教师可根据教学内容并结合自身的研究领域,给出相应课后思考题目。

使用本书内容可以开设 16～32 学时的研讨性选修课,建议学生线上学习,线下课堂以学生讲解与共同讨论为主要模式,考核方式为课堂表现相互评价＋教师评价＋学习报告。

以上建议仅供参考,读者可根据自身条件与环境使用本书。

关于本书素材的特征与使用,有以下几点说明:

① 该书立足于材料力学的基础性内容,换言之,本书所有内容都不"超纲",基本不涉及其他课程的领域,适合具备材料力学基础知识的教师与学生使用;

② 每个章节内容相互独立,自成体系,没有先后顺序的差异,读者可以按照自己的兴趣自由学习;

③ 章节内容编排与逻辑关系按照课堂教学环节进行了教案设计,便于直接转化为课堂讲授模式;

④ 本书内容以研讨问题为主线,避免使用过多公式推导且多为引用教材中的公式说明问题,理论推演起点低,适合学生自学并展开思考。

为了便于老师与学生的学习,与本书配套的 MOOC 已经上线,课程链接:
https://www.icourse163.org/course/BUAA - 1462095165。

第2章 材料力学中应力与
应变的名称与正负规定

材料力学作为变形体力学的基础课程,首先引入了与之相关的概念与名称,例如变形(拉压、扭转、弯曲、剪切)、内力(轴力、扭矩、弯矩、剪力)、应力与应变等,其中绝大部分名称没有歧义,但也有个别名称及定义在不同的教材或者教师讲述过程中出现多种含义。本章以应力与应变为例,从基本概念与体系规则方面讨论其中的异同和原因,一方面便于教师授课时使用规范的名称,另一方面加深概念理解、展示常规教材各章节相关内容的联系。

2.1 目的与意义

材料力学主要研究构件在外力作用下受力、变形、破坏或失效的规律,主体内容围绕着内力、变形、应力与应变展开。由于材料力学课程的基础性与广泛性,国内有众多版本的材料力学教材,其中在基本概念的名称与符号(本章中特指正负号,非希腊字母,下同)方面存在差异,加上部分教师对该问题的背景了解不全面,故在授课或答疑时可能给学生造成误解。本章依据定义对象涉及的物理背景,讨论应力和应变的名称与符号体系。

事实上,绝大部分教师对于应力与应变的数学定义并无歧义,只是名称上“各自为政”:在应力的名称中出现了正应力、剪应力与切应力;在应变的名称中出现了线应变、正应变、剪应变、切应变与角应变等[1-4]。这种现象一方面与教材内容编写的顺序与规范相关,另一方面编写者的专业背景很大程度上决定了教材编写中使用的名称。

在应力与应变的正负规定体系中,材料力学与后续的力学课程,例如弹性力学、结构力学、塑性力学、振动力学、冲击动力学等不完全一致。由于材料力学是这些课程的先修与基础课程,所以这种不一致造成学生在后续课程学习时陷入混乱的现象更值得关注。

为了厘清其中的关系,下面分别针对名称与正负规定进行辨析,便于学生系统掌握基本概念并构建知识框架。

2.2 应力与应变的名称

尽管材料力学教材的基本内容大部分来自于西方,但在基本变形模式(与相应内力)的中文称谓方面并无乱象:轴向拉压(轴力)、扭转(扭矩)、弯曲(弯矩)、剪切(剪力)均出自于对物理现象——变形的描述与关联,这些名称直观形象,因此被广泛接受(旧版教材中均提及四种基本变形模式,目前的新版教材中多将剪切并入连接件强度分析,剪力与弯矩均包含在弯曲模式中,所以只有三种基本变形模式)。但在定义应力与应变时,由于涉及模型与方法,故同一外文单词在翻译后会出现差异。

为了辨析应力与应变在名称上的差异,首先回顾应力的定义或引入的过程。

2.2.1　应力的名称

材料力学教材中应力的定义往往出现在绪论部分,在形式上非常统一,即物体内部任意剖面上 M 点(见图 2.1)应力的定义为

$$p = \lim_{\Delta A \to 0} \frac{\Delta F}{\Delta A} \tag{2.1}$$

$$\sigma = \lim_{\Delta A \to 0} \frac{\Delta F_{N}}{\Delta A} \tag{2.2}$$

$$\tau = \lim_{\Delta A \to 0} \frac{\Delta F_{S}}{\Delta A} \tag{2.3}$$

式中, ΔA 是包含 M 点的微小邻域面积,其上作用有内力 ΔF , $\Delta F / \Delta A$ 称为 ΔA 上的平均应力,当 $\Delta A \to 0$ 时, $\Delta F / \Delta A$ 的极限值 p 称为 M 点的应力,此为定义式(2.1)的含义。如果把 ΔF 分解至 ΔA 的法向与切向,获得作用面的法向分量 ΔF_{N} 与切向分量 ΔF_{S} ,由式(2.2)中法向分量定义的内力集度 σ 称为正应力并无混乱,但由式(2.3)中切向分量定义的内力集度 τ 有剪应力与切应力两种名称。

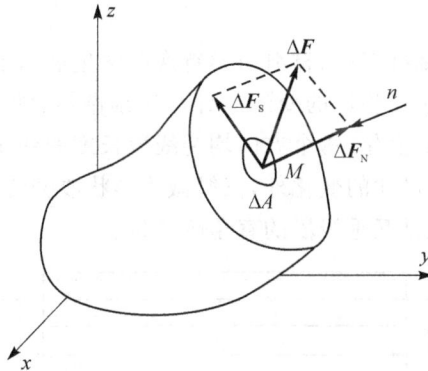

图 2.1　应力定义示意图

按照式(2.2)与式(2.3)的物理背景,区分两种应力的标准是 ΔF_{N} 与 ΔF_{S} 的方向,前者为作用面 ΔA 的法向,后者沿作用面切向。与前述的拉压、扭转、弯曲、剪切等关联变形模式的称谓不同,此处应力的定义与变形模式无关,只与作用面 ΔA 的法向或切向关联,所以使用与剪切变形模式相关的"剪切"二字关联应力方向,用于描述 τ 不准确。事实上,在扭转和弯曲变形模式中横截面上有 τ 的存在,甚至拉压变形模

式中斜截面上也存在 τ，所以 τ 的存在与剪切变形模式没有直接关联。

由于应力的定义并不依赖于特定变形模式，所以采用变形模式的名称直接关联应力名称并不合适，而切应力的名称体现了对应内力分量(或者应力分量)与作用面之间的关系，相对而言比较贴切。

早期教材中均使用剪应力的名称，其主要原因可能在于该应力的英文 shear stress 与剪切变形的英文 shear deformation 采用了同一单词[5,6]。《中华人民共和国国家标准:力学的量和单位(GB 3102.3—1993)》中规定的标准名称为切应力，这也是后期新编教材(包括改版教材)多采用切应力的原因。

2.2.2　应变的名称

相对于应力定义中出现的单一剖面模型，应变定义中有多种模型:一维、二维与三维模型(见图 2.2～图 2.4)，在不同的教材或者同一本教材的不同章节中，不同的模型和不同的名称常常被混用。

长度的改变往往使用一维(见图 2.2)或二维(见图 2.3(a))图像，其对象均为线段，由此定义的长度变化集度被称为线应变既形象又合理(在一维情况下还细分为拉应变与压应变;另外其定义式的数学含义表征线性部分)。同样的原因，如果使用二维模型(见图 2.3(b))表征形状变化，将直角改变量的大小称为角应变也很自然。如果对照应力的模式称为正应变与切应变，则应关联三维微元体(图 2.4(b)为平面应变状态下平行于 xOy 截面的简化分析模型)，因为在三维模型下才有面的法向位移与切向位移，由法向位移定义的应变称为正应变，由切向位移定义的应变称为切应变。

作为变形体力学的基础课程，材料力学首次向学生展示了变形体概念，并使用尺寸的变化与形状的改变表征物体的变形。针对三维微体，常常使用三个相互垂直的线段的变化来表征尺寸的变化，每个方向均为线段长度的变化，而线应变是线段尺寸变化集度的表征;除线段尺寸的变化外，三维微体形状改变使用原始互垂表面的歪斜程度来衡量，这种变化就是互垂线段的直角改变量。

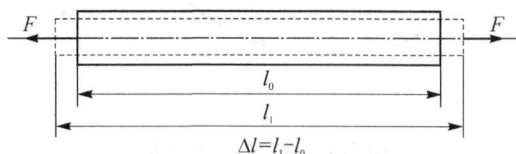

图 2.2　应变定义的一维模型示意图

从日常习惯上，如果在应力名称上使用正应力与切应力，则直接对应的应变名称应该是正应变与切应变。但目前国内经典材料力学教材中有的使用线应变[1,2]，也有教材使用正应变[3]，还有教材混合使用正应变与线应变[4];其他力学教材如经典弹性力学教材使用线应变[7]，工程力学教材使用正应变[8]。国外绝大部分经典教材使

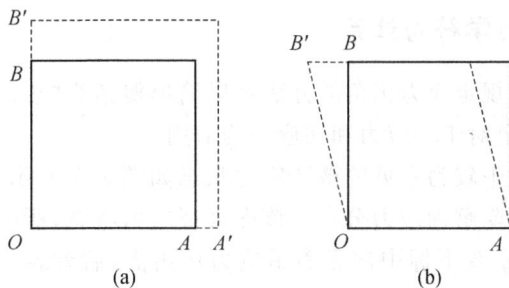

图 2.3　应变定义的二维模型示意图

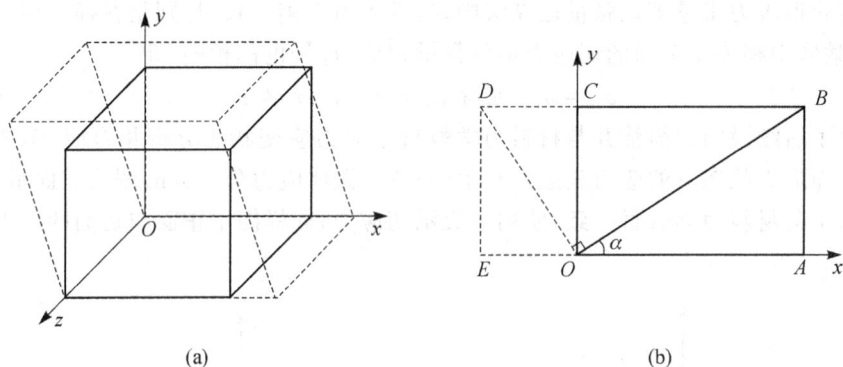

图 2.4　应变定义的三维模型示意图

用正应变(normal strain)和切应变(shear strain)，包括相关工程手册[5,6,9,10]。

　　2.2.1 节提及力学量的定义有国家标准——《中华人民共和国国家标准:力学的量和单位(GB 3102.3—1993)》，其中规定的应变名称为线应变(linear strain)与切应变(shear strain)。线应变的定义式为 $\varepsilon = \Delta l / l_0$，式中 l_0 是指定参考状态下的长度，Δl 是长度增量；切应变的定义式为 $\gamma = \Delta x / d$，式中 Δx 是厚度为 d 的薄层上表面相对下表面的平行位移。

　　从数学定义上来看，几乎所有教材均不完全符合国家标准的定义方法，特别是切应变定义方法。事实上，国家标准中线应变与切应变的定义方法偏于宏观与近似计算，而非概念表述。

　　综合目前国内外教材的现状，短期之内应变的名称与定义完全统一至国家标准是不现实的。但从教学的角度出发，教师了解名称与定义的出处对于授课和答疑是有益的。

2.3　应力与应变的符号规定

　　大多数经典力学教材采用弹性力学符号体系(指正负号规定，下同)，为了说明材料力学符号体系的特点，先列出弹性力学的符号规定与对应图像。

2.3.1 弹性力学符号体系

弹性力学教材中规定应力正负的方法可以简单概括为"正面正向与负面负向为正,反之为负",此规定对于正应力和切应力均适用。

在弹性力学教材中较为常见的微体应力状态如图 2.5 所示。其中(a)图为可视面应力分布,(b)图为隐藏面应力分布。该图表征应力状态,所以(a)图与(b)图应力没有增量项。应力 σ_{ij} 双下标中前者表示应力作用面,后者表示应力方向。应力作用面外法向矢量方向与坐标系正方向一致为正面,否则为负面。由此规定可知,图 2.5 中无论正面与负面,其上标出应力的符号均为正。对于无限小的微体而言,由此规定获得应力张量满足张量运算法则,与微体力平衡一致,特别是在描述切应力互等时,微体中相关 4 个面的切应力不仅数量相等,符号也都相同,即

$$\sigma_{ij} = \sigma_{ji}(或者 \tau_{ij} = \tau_{ji}), \quad i \neq j \tag{2.4}$$

为了后续说明的简洁并与材料力学教材中应力应变状态分析相对应,图 2.6 给出了平面应力状态下的应力表达。其中(a)图为微体应力分布,(b)图为平面示意图。图中为了与材料力学教材一致,使用 τ 表示切应力,同样图中正面与负面的应力符号均为正。

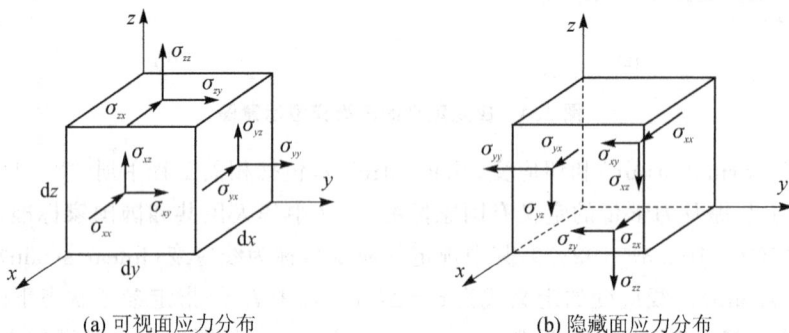

(a) 可视面应力分布　　　　　　　(b) 隐藏面应力分布

图 2.5　应力符号规定与三维微体示意图

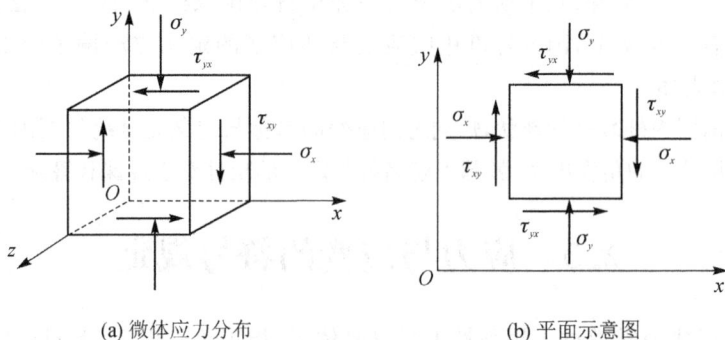

(a) 微体应力分布　　　　　　　(b) 平面示意图

图 2.6　平面应力状态下应力符号定义示意图

正应变的符号跟随变形的符号:正面正向移动与负面负向移动为正,反之为负。这里着重讨论切应变,纯剪切状态对应的微体变形与应变定义如图 2.7 所示。其中(a)图为微体变形,(b)图为对应的切应变定义示意图。切应变 γ_{xy} 的数学定义为

$$\gamma_{xy} = \gamma_{yx} = \gamma' + \gamma'' = \frac{\delta x}{\Delta x} + \frac{\delta y}{\Delta y} = 2\varepsilon_{xy} \tag{2.5}$$

其中,γ_{ij} 就是材料力学中的切应变(在弹性力学中称为工程切应变),ε_{ij} 是弹性力学中的应变,当 $i \neq j$ 时 ε_{ij} 就是切应变。因为图 2.7 中 δx 与 δy 均为正,尽管 γ' 与 γ'' 分别对应顺时针与逆时针转动的角度变化量,但与之相关的 δx 和 δy 均为正向位移,所以此图中 γ' 与 γ'' 均为正。

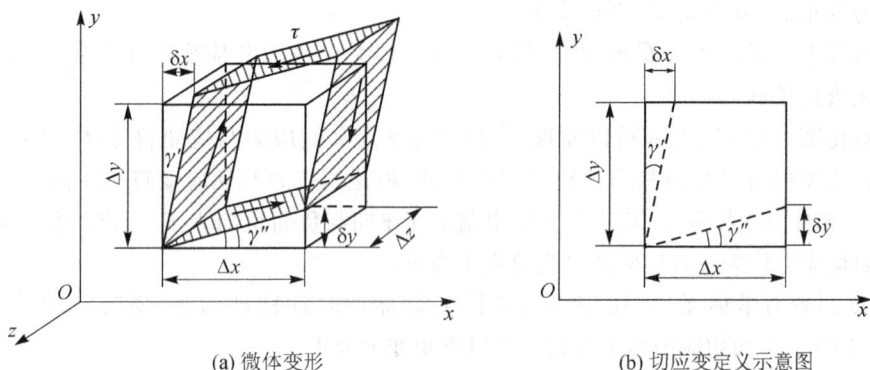

图 2.7　纯剪切应力状态下切应变与符号定义示意图

在 Timoshenko 经典教材中关于应变正负的部分有如下的描述:Shear strain in an element is positive when the angle between two positive faces (or two negative faces) is reduced. The strain is negative when the angle between two positive (or two negative) faces is increased. 简言之,两正面或两负面夹角减少时切应变为正,否则为负。

2.3.2　材料力学符号体系

为了使表达简洁并符合大部分材料力学教材的模式,此处仅给出微体应力与应变的平面图形,如图 2.8 所示(该图形往往出现在广义胡克定律的表述中)。其中(a)图为平面应力状态下的应力分布,(b)图与(c)图分别为对应的应力分解与变形。

在材料力学教材中应力的符号定义为:正应力拉正压负,切应力以使微体顺时针转动为正,逆时针转动为负。图 2.8 中各面标出的正应力全为正,x 面的切应力为正,y 面的切应力为负。

与之对应的应变符号定义为:线段伸长对应正应变为正,线段缩短对应正应变为负;切应变以直角变大为正,减小为负。图 2.8 中各面的正应变为正,微体切应变以左下角直角(或右上角直角)的变化表征,直角变大表示该点的切应变为正,也有教材

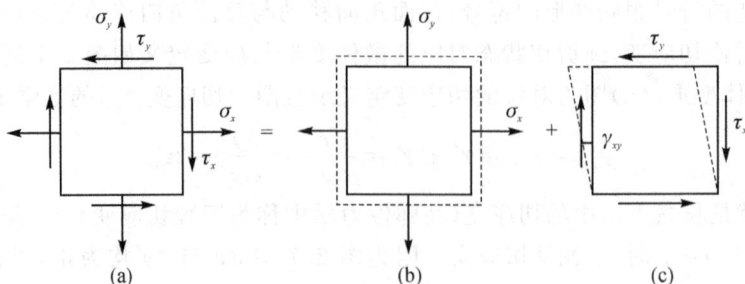

图 2.8　平面应力状态下应力与变形示意图

描述为两正面（或两负面）直角变大为正。

由以上的描述可以看出，在材料力学符号体系中应力和应变的正负定义与坐标系并无直接关联。

对比图 2.6～图 2.8 可以发现，由弹性力学定义的应力与应变符号体系中，正应力与正应变的符号与材料力学符号完全相同，但是切应力与切应变符号不同：

① 弹性力学体系中，切应力符号遵循正面正向与负面负向为正，反之为负（图 2.6 中各面切应力均为正）；切应变以直角变小为正。

② 材料力学体系中，切应力以企图使微体顺时针转动为正，逆时针转动为负（图 2.6 中 x 面的切应力为负）；切应变以直角变大为正。

由此引出的问题是：人们为什么在材料力学中采用此种特殊的符号规定？

2.3.3　符号差异的原因与转换

材料力学课程中提及符号体系始于截面法求内力，其不依赖于坐标系的符号规定，意在协调两个分离体同一假想截面上的内力符号。仅就该作用而言，使用弹性力学正面正向负面负向符号规定可以获得同样的效果，而时至今日仍然采用其特殊规定的原因主要在于应力圆作图的要求。

在材料力学发展史上，德国科学家同时也是优秀的工程师库尔曼（K. Culmann）与摩尔（O. Mohr）在图解法方面做出了卓越贡献[11]：库尔曼在 1866 年出版的《图解静力学》中证明二维系统中物体中一点的二向应力状态可用平面上的一个圆表示，这样可使问题的分析大为简化。摩尔对应力圆做了进一步的研究，1882 年出版的《土木工程》中给出了借助应力圆确定一点应力状态的几何方法，于是后人就称应力圆为摩尔应力圆，简称摩尔圆。图 2.9 所示为材料力学教材中应力应变状态分析部分的应力圆常见图样。

从图 2.9 可以看出一个简单的事实：无论 x 面与 y 面的应力如何分布，采用弹性力学的符号体系不便于直接对应应力圆——图 2.9 中 D 点（对应 x 面）与 E 点（对应 y 面）的切应力必须反号，如果采用弹性力学符号规定，根据切应力互等定理，x 面与 y 面的切应力或者全部为正，或者全部为负，符号不可能相反。

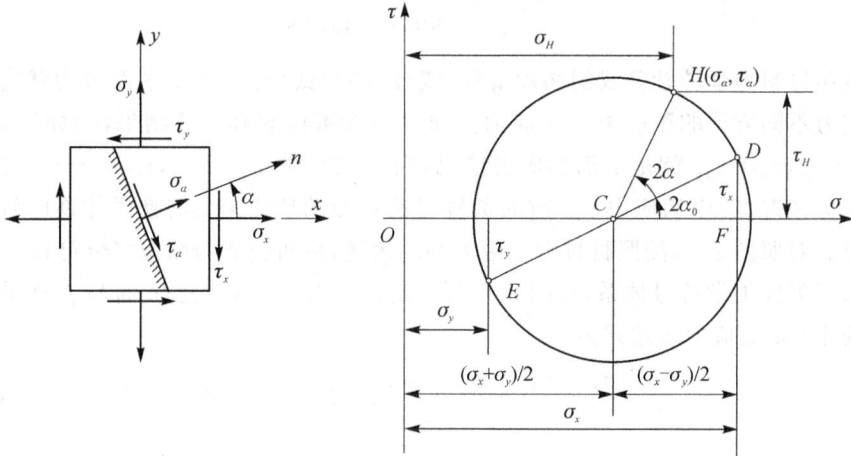

图 2.9　平面应力状态下应力圆示意图

　　目前采用弹性力学符号体系的材料力学教材在讲述到该部分时,尽管仍然可以获得应力圆形式的数学方程,但在几何图像的对应关系上不直观,为了基本符合应力圆对应关系的原始描述,需要重新改用材料力学符号体系,或者采用符号转换规则。

　　如果采用符号转换,有以下两种常见方法:

　　① 第一种方法:应力圆坐标系中横坐标(正应力 σ)向右为正,纵坐标(切应力 τ)向下为正;x 面切应力保持正面正向负面负向为正的模式,但 y 面切应力转为正面正向负面负向为负;此时应力圆中方位角 2α 与单元体中方位角 α 同向,均以逆时针为正。

　　② 第二种方法:应力圆坐标系中横坐标(正应力 σ)向右为正,纵坐标(切应力 τ)向上为正;x 面切应力转为正面正向负面负向为负,y 面切应力保持正面正向负面负向为正的模式;此时应力圆中方位角 2α 与单元体中方位角 α 反向,后者逆时针转动对应前者顺时针转动。

　　无论采用哪种方法,在应力圆相互垂直的两面中(互垂两个方位)总有一面不能采用弹性力学符号体系。第一种方法尽管纵坐标向下为正,但应力圆中方位角与单元体中方位角同向,这种对应关系比较直观,所以相对而言采用第一种转换方法的教材较多。

　　除了应力圆的绘制与对应关系,如果采用弹性力学符号体系,在应力转轴公式(或应变转轴公式)的图像理解上与材料力学符号体系不同,下面以应力转轴公式为例说明。

　　采用材料力学符号体系,在图 2.9 所示的应力分布下,α 面(x 轴正向逆时针转动 α 角所对应的方向)应力为

$$\sigma_a = \frac{\sigma_x + \sigma_y}{2} + \frac{\sigma_x - \sigma_y}{2}\cos 2\alpha - \tau_{xy}\sin 2\alpha \tag{2.6}$$

$$\tau_a = \frac{\sigma_x - \sigma_y}{2}\sin2\alpha + \tau_{xy}\cos2\alpha \tag{2.7}$$

按照材料力学转轴公式的物理解释,式(2.6)与式(2.7)表示平面应力状态下某一点应力不同方位的正应力与切应力分量。由此可以解释计算结果,例如当 $\alpha = 0°$ 时,$\sigma_{0°} = \sigma_x$,$\tau_{0°} = \tau_{xy}$ 就是 x 面的应力情况;当 $\sigma = 90°$ 时,$\sigma_{90°} = \sigma_y$,$\tau_{90°} = -\tau_{xy}$ 就是 y 面的应力情况,其中切应力 τ_{xy} 前的负号表示 y 面的切应力具有使微体逆时针转动的趋势。对照图 2.9,按照材料力学应力圆的表述,解析公式与图像完全符合。

采用弹性力学符号体系,在图 2.6 所示的应力分布下(注意 x 面与 y 面的切应力全为正),α 面应力表达式为

$$\sigma_a = \frac{\sigma_x + \sigma_y}{2} + \frac{\sigma_x - \sigma_y}{2}\cos2\alpha + \tau_{xy}\sin2\alpha \tag{2.8}$$

$$\tau_a = -\frac{\sigma_x - \sigma_y}{2}\sin2\alpha + \tau_{xy}\cos2\alpha \tag{2.9}$$

根据式(2.8)与式(2.9),同样考察两个方位:$\alpha = 0°$,$\sigma_{0°} = \sigma_x$,$\tau_{0°} = \tau_{xy}$;$\alpha = 90°$,$\sigma_{90°} = \sigma_y$,$\tau_{90°} = -\tau_{xy}$。$0°$ 方位的结果与 x 面一致,$90°$ 方位的正应力与 y 面一致,这些结果与直观感受一致;但切应力 y 面反号这个结果不容易理解,因为对照图 2.6 这两个切应力应该是同号的。

理解该问题应回归弹性力学符号体系的基础:弹性力学符号体系依赖坐标系的定义,此处应力转轴公式的物理含义解释为应力在不同坐标系下分量之间的转换关系。按照这种解释,$0°$ 的结果表示新坐标系与旧坐标系一致时新的 x 面应力就是旧的 x 面方位的应力;$90°$ 的结果表示新坐标系中 x 面正应力与旧坐标系中 y 面正应力一致,新坐标系中 x 面切应力在数值(绝对值)上等于旧坐标系中 y 面切应力,但符号相反(因为新坐标系的 x 面 y 轴正向与旧坐标系的 y 面 x 轴正向相反)。

平面应变状态下应变转轴公式有相同的问题,此处不再赘述。

2.4　小结与建议

目前绝大部分院校对于材料力学课程的讲授依照归纳法的模式(从拉压、扭转与弯曲几种基本变形模式开始,然后归纳于应力应变状态与强度理论),其优势是由简入繁、由浅入深,但因此也造成同一物理量名称的差异——不同章节涉及同一物理量时,由于对象不同或者简化模型不同,为了讲述的方便各自采用了"局部最优"的描述。相对而言,如果按照演绎法体系,应力应变名称均在三维微体模型上定义就能避免该问题。如果教师能在课程后期总结时进行名称辨析,对于学生构筑知识体系是很有益的。

另一方面,除应力圆部分外,材料力学教材完全可以采用弹性力学符号体系,包括采用二阶张量矩阵的坐标转换法则给出应力转轴公式,以及采用三阶实对称矩

特征值问题分析主应力(特征值对应主应力,特征向量对应主方向),对于从事力学理论工作的研究者,这种模式简洁而优美。但是材料力学的特色是分析方法与表现形式与工程应用密切相关,其中概念与结果的图像表征已深入人心,所以应力圆部分是重点讲授内容。只要应力圆部分存在,材料力学教材就无法把弹性力学符号体系贯穿始终。至于如何选择取决于教师的偏好,但与前述问题类似,最终给学生一个解释以避免混乱还是有益的。

该部分的内容涉及材料力学多个章节,建议安排在强度理论之后,由教师提出问题鼓励学生查阅相关书籍并讲解;或者直接给出弹性力学与材料力学正负号的规定,要求学生对比异同给出结论,最终挑选部分学生进行课堂表述并展开讨论。

通过不同形式的研讨与交流,相关内容的学习可以涉及学生能力体系培养的多个方面,对应于表1.1中的指标点,重点突出其中的某个指标点取决于教师的课程内容设计,后续各章与此类似,不再重复说明,在此仅仅列出对应指标点。另外,本书各章都建议采用学生讨论与交流的模式,所以指标点中 7.2/7.4/7.5 对于每一章都适用,后面各章不再列出。

本章涉及学生能力培养体系的指标点如表2.1所列。

表 2.1　本章涉及学生能力培养体系的指标点

能　　力	对应指标点
1 工程推理和解决问题的能力	1.1 发现问题和系统地表述问题 1.5 解决方法和建议
2 实验和发现知识	2.2 查询印刷资料和电子文献
3 系统思维	3.1 全方位思维 3.2 系统的显现和交互作用 3.4 解决问题时的妥协、判断和平衡
4 个人能力和态度	4.4 批判性思维
7 交流的策略	7.2 书面的交流 7.4 图表交流 7.5 口头表达和人际交流

第3章 平面假设的内涵与作用

材料力学相比后续的弹性力学课程，在研究方法上最为显著的特色在于利用假设简化分析过程。在杆件应力分析部分平面假设是大家熟悉的内容，在课堂讲述过程中，平面假设与应变分布的直接关联是关键点，也是疑难点。本章在梳理平面假设内容的基础上，重点阐述平面假设在应变分布(变形协调)推理过程中的切入点，一方面提示授课教师关注平面假设的内涵，另一方面加深学生对分析方法的理解，强化各章节相关内容的联系。

3.1　目的与意义

在材料力学课程的杆件应力分析中，利用平面假设是通用模式，其本质是直接给出横截面各点之间的变形协调关系或几何方程，这样极大降低了分析难度，简化了推导过程。对于拉压、扭转和弯曲三种基本变形模式，均通过观察实验试样变形的结果给出相应的平面假设。

教师在授课过程中一定会提到，杆件截面应力分析是一个静不定问题，在应力的推导过程中需要综合应用物理方程、几何方程与平衡方程，甚至还会告知其中的几何方程来源于平面假设。但是，平面假设在应力分析过程中具体用在了哪里，起到何种作用，大部分学生甚至授课教师并不能给出清晰的描述，这一部分内容是平面假设授课讲述中的关键点，也是本章希望回答的问题。

3.2　平面假设的内涵与作用

杆件截面的应力分析是材料力学课程教学的主体内容之一，本质上，应力分析的目标就是给出两个表达式：一个是正应力的分布 $\sigma(x,y,z)$，一个是切应力的分布 $\tau(x,y,z)$。具体到杆件横截面的应力分析，对于某一特定的 x 截面(以 x 轴为杆件轴向)，上面的表达式退化为 $\sigma(y,z)$ 和 $\tau(y,z)$，只要能给出这两个表达式，就完成了所谓杆件横截面的应力分析。

在材料力学应力分析中，应力的分布实际上是通过应变的分布导出的，所以问题就转化为：平面假设如何直接给出正应变分布 $\varepsilon(y,z)$ 与切应变分布 $\gamma(y,z)$，以下就拉压、扭转与弯曲分别阐述。

3.2.1　拉压平面假设

拉压的平面假设:拉压变形后横截面保持平面,而且仍然垂直于轴线(轴线仍为直线)。

为了体现相互关系与对应位置,这里给出分析逻辑图 3.1 并对照阐述。

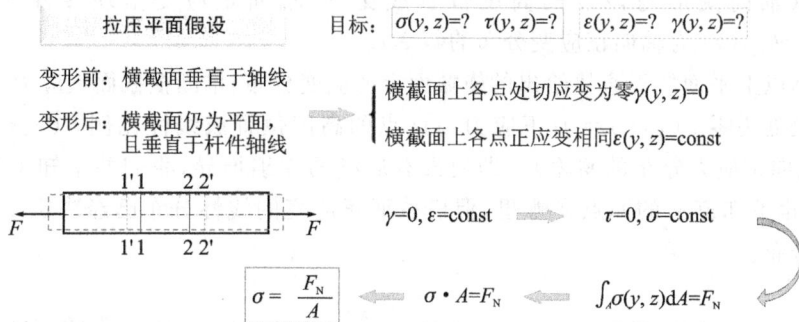

图 3.1　拉压平面假设与应变分布逻辑关系示意图

① 首先,未变形的横截面一定与轴线垂直,变形后仍然为平面且保持与轴线垂直,说明未变形状态下横截面与轴线夹角的改变量为零(原先的直角仍为直角),即横截面上切应变处处为零 $\gamma(y,z)=0$;

② 其次,未变形状态的 1—1 横截面和 2—2 横截面之间,任意取两条轴向线段,其长度相等;变形后,1—1 面变为 $1'-1'$ 面,2—2 面变为 $2'-2'$ 面,根据平面假设,$1'-1'$ 面与 $2'-2'$ 面仍保持平行,尽管两条线段的长度均有变化,但可以依据拉压平面假设推断它们的伸长量相等,由于两条线段原长一致,所以两条线段的轴向正应变相等。由于这两条线段是任取的,所以横截面上各点处轴向正应变都相同,表明横截面上的正应变为均匀分布或者等于常数,即 $\varepsilon(y,z)=\text{const}$。

以上是由平面假设直接给出的横截面上各处应变分布,由上述条件可知,$\tau(y,z)=0,\sigma(y,z)=\text{const}$。之后通过平衡方程利用正应力为常数的关系,将常数 σ 移至积分号外,最终获得 $\sigma=F_N/A$ 的横截面正应力公式。

可以看出,在拉压杆应力分析过程中,由平面假设直接给出截面上正应变与切应变的分布是关键,后续的数学推导其实很简单。

3.2.2　纯弯曲平面假设

纯弯曲的平面假设:梁弯曲变形后横截面保持平面,而且仍然垂直于变形后的轴线(轴线由直线变为曲线)。

同样给出分析逻辑图 3.2 并对照阐述,图中未变形前梁轴向为 x 轴,弯曲发生在 xOy 平面内。

初看纯弯曲的平面假设似乎与拉压的平面假设基本一致,唯一的差异是弯曲时梁轴线由直线变为曲线,表明弯曲时横截面有转动,与拉压时横截面仅沿轴线平移不同。

① 首先,与拉压平面假设的分析类似,未变形状态下横截面与轴线夹角的改变量为零(原先的直角仍为直角),即切应变处处为零 $\gamma(y,z)=0$;

② 其次,由于变形后横截面仍为平面,对比变形前后横截面位置,容易看出横截面上各点轴向变形与该点的高度位置成比例,轴向正应变呈现线性分布,即 $\varepsilon(y,z)=k_\varepsilon y$($k_\varepsilon$ 为轴向正应变分布的斜率)。

根据以上平面假设直接给出的横截面上的应变分布,推断横截面上应力分布是:切应力处处为零 $\tau(y,z)=0$;正应力与该点的高度位置成线性比例 $\sigma(y,z)=k_\sigma y$(k_σ 为轴向正应力分布的斜率)。即使没有后续的详细推导,我们并不知道系数 k_σ 是多少,也不知道 y 的原点在哪里,但横截面正应变的线性分布已经决定了正应力的线性分布。

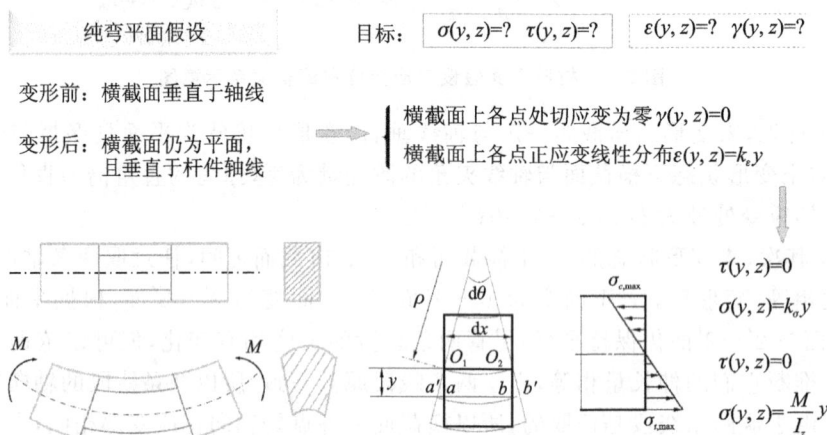

图 3.2　纯弯曲假设与应变分布逻辑关系示意图

对比后续经过详细推导获得的正应力分布结果 $\sigma=My/I_z$ 以及对应图像,可以发现后续的推导过程就是基于正应力的线性分布,决定系数 k_σ 的具体数值以及 y 轴的原点。由此可知,对于纯弯状态横截面上正应力的分析,平面假设直接给出应变分布是定性分析,而后续结合物理方程与力(矩)平衡方程的数学推导是定量分析;平面假设对于切应力甚至直接给出了定量结果。

另外,为了本节内容的结构完整同时兼顾学生逻辑主线的思维训练,此处给出如图 3.3 所示的横截面弯曲正应力推导过程的逻辑主线图,其中的关键点包括:

① 中性层概念的导出(为什么中性层一定存在?);

② 弯曲变形的具象化——横截面绕中性轴相对转动(为什么弯曲变形只能是横截面绕中性轴转动?);

③ 设定中性轴为坐标轴(z 轴)与中性轴过形心的关系(为什么 $y_c = 0$ 表示中性轴过形心?)。

图 3.3 一方面可用于教师课堂讲授,另一方面对于学生而言,可用于检测自己的学习效果:如果可以独立完成该逻辑主线图并对其中的关键点有清晰认知,则说明对弯曲应力分析部分掌握得较好。同时从各变形分析的简图中也可以看出平面假设的作用——正是有平面假设的存在,变形图(正视图)中横截面才能画为直线,也才能给出后续的结论。

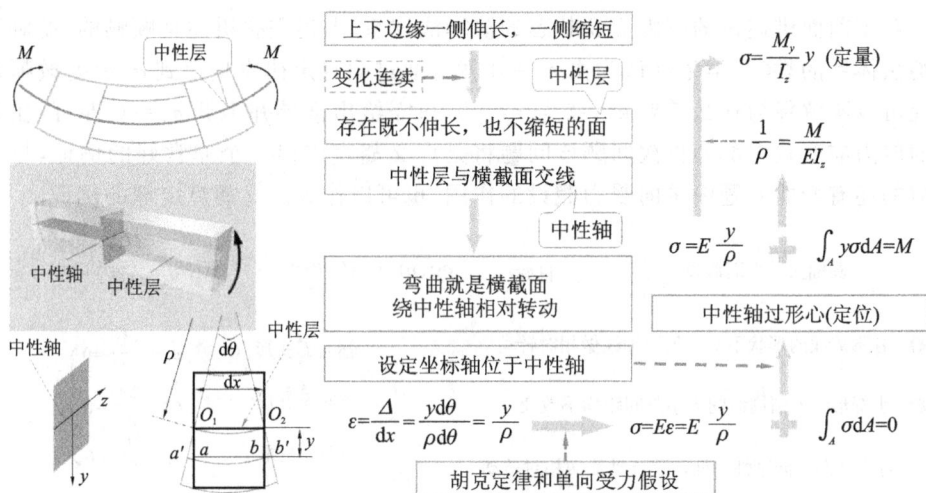

图 3.3　纯弯正应力分布推导过程逻辑主线图

3.2.3　圆轴扭转平面假设

圆轴扭转的平面假设:变形后横截面仍然保持平面,其形状、大小与横截面之间的距离均不改变,而且半径仍为直线。

圆轴扭转平面假设相比拉压与纯弯平面假设稍显复杂,在常规课堂讲述中也被形象化描述为:圆轴扭转时各横截面如同刚性圆片,仅绕轴线做相对旋转。

这里给出图 3.4 与图 3.5 用于对照阐述,图 3.4 主要对应正应变与正应力部分(图中为了描述方便建立了柱坐标系,并按照材料力学图标习惯把轴向设为 x 方向),图 3.5 对应切应力部分。

首先根据平面假设中"各圆周线(横截面)之间的距离不变",即不同横截面上各点轴向变形 $\Delta \mathrm{d}x = 0$,所以

$$\varepsilon_x = \frac{\Delta \mathrm{d}x}{\mathrm{d}x} = 0 \tag{3.1}$$

其次,"各圆周线的大小不变",即 $\Delta r = 0$,所以

$$\varepsilon_r = \frac{\Delta r}{r} = 0 \tag{3.2}$$

再次，"圆周线的形状不变，各横截面如同刚性圆片绕轴线做相对旋转"，图 3.4 中右下部分，圆心角 θ 在刚性转动后大小不变，即 $\Delta\theta = 0$，

$$\varepsilon_\theta = \frac{\Delta\theta}{\theta} = 0 \tag{3.3}$$

由式(3.1)～式(3.3)以及各向同性材料的广义胡克定律可知：

$$\sigma_x = 0, \quad \sigma_r = 0, \quad \sigma_\theta = 0 \tag{3.4}$$

对于前面讲述过的应力应变状态的演绎法体系，上述完整讲述是顺畅的；而对于归纳法体系的教学，学生会认为由 $\varepsilon_x = 0$ 就可通过胡克定律直接得到 $\sigma_x = 0$，教师在此处可以不解释为什么需要 $\varepsilon_r = 0$ 与 $\varepsilon_\theta = 0$，只需给出推导并强调 $\sigma_x = 0$ 即可，在后续的应力应变状态部分再次回顾该问题将是广义胡克定律一个非常好的例证，与之类似的还有弯曲问题中单向受力假设的作用，也可以作为广义胡克定理的例证。

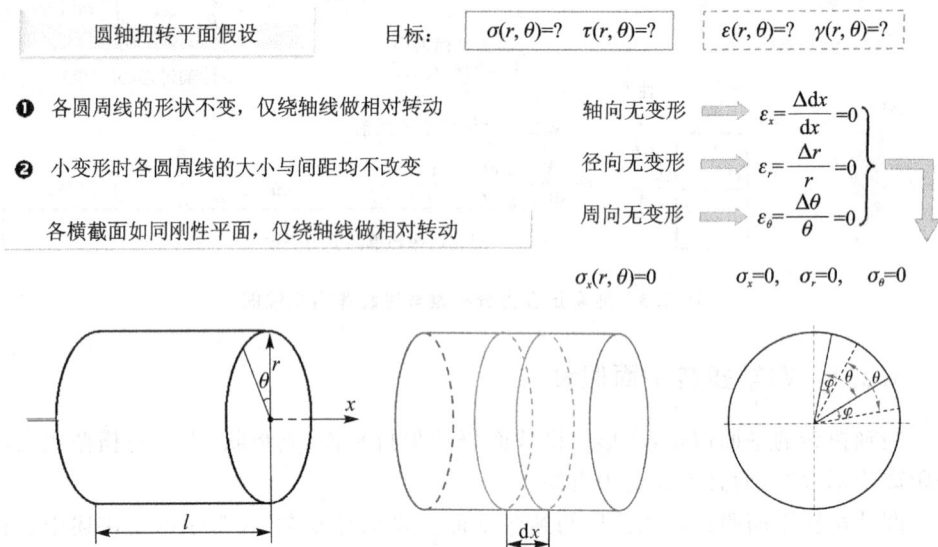

图 3.4 圆轴扭转平面假设与正应变分布逻辑关系图

至此完整展示了如何基于圆轴扭转变形平面假设导出横截面正应变与正应力的分布，针对圆轴扭转问题，几乎所有的讲述都聚焦于扭转切应力的推导，甚少有教师提及横截面上正应力为什么是零，这种做法从应力分析的视角来看存在缺陷。当然，轴向正应力为零也可通过轴力为零加以"猜测"，尽管应力分布沿周向存在对称性，但沿径向的分布规律并不明显，不易说明是否存在相互抵消的趋势，在逻辑上不如以上的推导严密。

在接下来的切应力分析中，指出平面假设的作用同样重要，在图 3.5 所示的微楔体变形分析中，右侧截面 O_2BD 变形的画法就使用了"变形后的横截面仍然保持平

面", 特别是径向 O_2B'（包括 O_2D'）的画法使用了"变形后半径仍为直线"的假设, 这是平面假设在切应力分析中的导入点。事实上, 在 $\gamma_\rho = \rho \dfrac{\mathrm{d}\varphi}{\mathrm{d}x}$ 的讲述完成后, 引导学生再次观察楔形体变形图可以看出, "半径仍为直线"就是切应变线性分布的根源。

另一个容易被忽略的平面假设的作用是关于横截面上 $\dfrac{\mathrm{d}\varphi}{\mathrm{d}x} = \text{const}$ 的讲解, 正是由于"圆轴扭转时各横截面如同刚性圆片相对旋转", 即同一横截面内各点转动角度相同, 故 $\varphi(x,r,\theta) = \varphi(x)$, $\dfrac{\mathrm{d}\varphi(x)}{\mathrm{d}x}\bigg|_{x=x_0} = \text{const}$。只有在该条件成立的情况下, 力平衡方程分析中 $\dfrac{\mathrm{d}\varphi}{\mathrm{d}x}$ 可以从积分号内移到积分号之外, 这是后续推导过程的关键点。

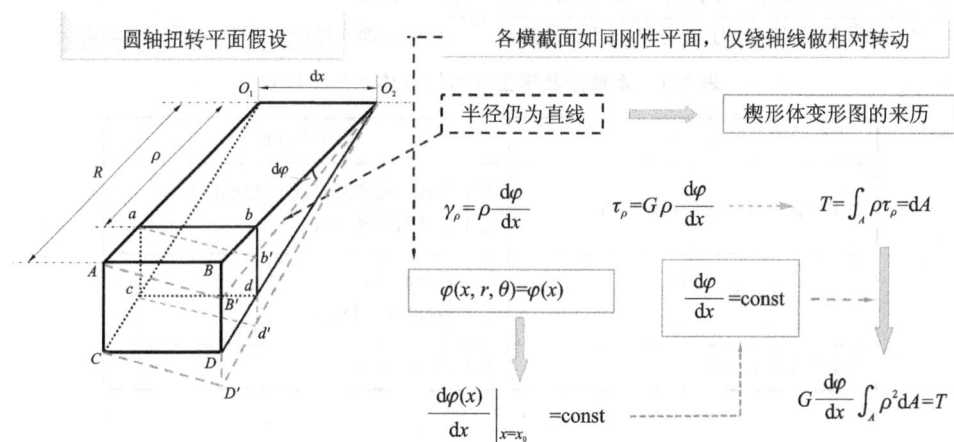

图 3.5　圆轴扭转平面假设在切应力推导中的作用

3.3　小结与建议

平面假设是材料力学中进行横截面应力分析简化的重要条件, 阐述其内涵及其与后续应力（应变）分析的关系是非常必要的, 以此为基础的讲授不仅可以从平面假设"光滑"过渡到应力分析, 而且对于学生理解平面假设的本质非常关键。

在拉压、圆轴扭转和纯弯变形模式的应力分析中都给出了平面假设, 尽管三个平面假设的表述不尽相同, 但本质上都是横截面变形模式的假设, 相同点是横截面保持平面, 不同点是各点轴向位移的相互关系：

① 对于圆轴扭转, 横截面各点轴向位移为零；

② 对于拉压, 横截面各点轴向位移相同, 且位移不为零；

③ 对于弯曲, 除中性轴位置外, 其他各点轴向有位移, 且位移在高度方向呈线性分布。

　　另外,尽管平面假设成立的条件不是课堂基本讲述内容,但该问题在拉压杆(带锥度杆件)、扭转轴(非圆截面轴)以及弯曲梁(横力弯曲)中均存在,教师在适当的阶段讲授适度的内容可以增进学生对该问题的理解,对学有余力的学生而言也不失为一种思维训练,相关文献与讨论较多,非常适合开展研讨类型的课程。

　　该部分涉及材料力学多个章节(包括三种基本变形模式下的应力分析、应力应变状态与广义胡克定律),内容与三种基本变形模式关系密切。建议安排在弯曲变形应力分析之后,由教师提出任务,要求学生对已经学习的三种变形中模式应力分析过程的相关内容进行总结,给出对比分析,其中平面假设与变形协调的逻辑关系为重点任务,最终挑选部分学生进行课堂表述并展开讨论。更进一步的挑战性任务是针对带锥度拉压杆、非圆截面扭转轴(包括空心薄壁杆扭转与空心圆轴扭转在分析方法上的差异)与横力弯曲梁,分析平面假设适用性与误差来源。

　　本章涉及学生能力培养体系的指标点如表3.1所列。

表 3.1　本章涉及学生能力培养体系的指标点

能　　力	对应指标点
1 工程推理和解决问题的能力	1.1 发现问题和系统地表述问题 1.3 估计与定性分析
2 实验和发现知识	2.1 建立假设 2.4 假设检验与答辩
4 个人能力和态度	4.4 批判性思维

第4章 扭转轴应力分析教学方法的研讨

尽管扭转问题在材料力学教学内容中所占比例较少,但从教学设计、课堂讲授与学生理解的角度,扭转部分的教学难度较大。本章在分析现有教学方法存在问题的基础上,尝试改变讲解顺序,先由特殊的薄壁圆管引入,再组合扩展至一般的空心与实心圆轴,更进一步拓展到非圆闭口薄壁杆以及非圆实心截面的扭转问题,一方面体现由浅入深的渐进思路,另一方面利用闭口薄壁杆扭转应力和变形特点定性讨论平面假设适用范围,强化扭转应力分析特征。

4.1 目的与意义

扭转作为基本变形模式之一,扭转应力分析属于材料力学的重要教学内容。经典教材[1-3,5]和常规教学方案中该部分的教学模式均为:针对圆轴扭转观察外部变形特征→假设内部变形关系→楔形体引入与变形形貌→获取切应变关系→结合本构与平衡方程推导切应力公式。其中的假设内部变形关系即为圆轴扭转变形平面假设,引入楔形体模型主要用于切应变与切应力分析,正应力分析部分在经典教材与常规讲授中少有涉及,本书第3章对该问题有详细讨论,此处不再赘述。

作为固体力学的基础课程,材料力学首先引入变形体概念,与弹性力学等后续课程最大的差异在于其应力分析基于变形假设,即变形协调条件是直接给出而不经严格数学推导的,规避过于繁杂的推导过程。这种方式对于固体力学入门课程是适合的。而上段所述圆轴扭转应力分析的教学方案最大的优势在于从整体上协调了拉压、扭转、弯曲变形问题的教学模式,均为观察外部变形特征→假设内部变形关系→获取应变关系→结合本构与平衡方程推导应力公式。通过几种基本变形模式应力分析的讲授,反复强化材料力学的分析方法,不仅体现了"方法为先"的教学目的,也有助于学生总结学习内容并形成知识逻辑体系,这也许是长期以来国内外高校材料力学教学均采用这种教学方案的主要原因。

尽管这种教学方案特色明显,但对于圆轴扭转部分也存在一定缺陷,大致归于以下几点:

① 教学难点集中在章节的初始部分,包括平面假设、楔形体表征、变形协调以及后续的变形公式,这种过于"陡峭"的开端与"平淡"的走势,无论对于教师的教学设计还是学生的认知理解都会造成困难;

② 楔形体的变形与应力分布图样以及圆轴假想各层之间的关系相对复杂,不仅学生不易想象,即便配合更多的动画与视图展示分析模型,教师对于细节的讲解也需

"额外"的努力;

③ 在应力分析中除了根据平面假设给出变形协调关系外,还需设定切应力垂直于半径的分布模式,其与前述圆轴扭转平面假设没有直接关联,后续教学过程中也没有合理性说明,显得比较"突兀";

④ 非圆截面扭转问题在所有经典教材中均会提及,但鉴于分析模型与讲解方式的复杂性,几乎所有教材均仅提及存在翘曲现象且平面假设不成立,但机理性解释的缺失使得该部分的讲授在逻辑上不太完整。

秉承"方法为先"的教学理念,尽管作者也一直采用常规方式讲授圆轴扭转的内容,但在讲解与答疑中经常有"别扭"的感觉。本章尝试改变教学内容的顺序,以薄壁圆管为基础模型,给出一种新的教学方案供材料力学教师参考,也可作为学生理解扭转应力分析的新视角。

4.2　基于薄壁圆管的圆轴扭转应力分析

材料力学扭转应力分析的对象包括圆截面轴、非圆截面杆、闭口薄壁杆、开口薄壁杆,基于教学学时与应用领域的差异,尽管不同专业的材料力学课程对于以上各部分涉及程度有区别,但圆截面轴的部分均为主体且首先讲授。在常规教学方案中,薄壁圆管扭转切应力分析往往跟随空心圆轴或闭口薄壁杆,作为空心圆轴的退化形式或闭口薄壁杆的特殊形式。与薄壁圆管相关的分析意在公式的适用条件与计算精度的比较,且学时占比很小,所以学生对薄壁圆管的认知主要集中于:壁厚满足一定条件下空心圆管扭转问题的简化模型,其最大切应力计算误差小于5%。

鉴于薄壁圆管扭转应力分析方法的独特性,下面采用"特征构件"组合扩展模式讨论扭转问题应力分析的可行性。

首先,无论自然界还是工程界,圆管截面杆件是一类常见构件,在工程实际与自然界中其出现的概率不小于实心截面杆件,所以从空心圆截面的退化形式——薄壁圆管开始扭转应力分析在问题引导中显得非常自然。

其次,薄壁圆管是轴对称截面,且因薄壁条件引入的简化模型中应力分布没有径向变化,以此为基础的流程体现了由简入繁、由浅入深,与后续弯曲问题中采用纯弯曲＋对称弯曲模型一脉相承。

再次,对于薄壁圆管扭转应力分析所需要的切应力方向假设,其依据为切应力互等定理,在绪论部分已有完整介绍;沿厚度方向切应力均匀性假设也非常自然,学生接受不存在疑惑。

在此基础上,后续的推导过程显得比较简单,图4.1所示薄壁截面中心线上各点切应力为

$$\tau(r,\theta)=\tau=\text{const.} \tag{4.1}$$

$$\int_0^{2\pi} \tau \delta R_0^2 \, \mathrm{d}\theta = T \tag{4.2}$$

$$\tau = \frac{T}{2\pi\delta R_0^2} \tag{4.3}$$

式中各符号为标准模式不再说明,此处仍详细列出算式意在强调:式(4.2)到式(4.3)的基础是式(4.1),即基于 τ 为常数才能将其从积分号内移出,这一点与拉压杆横截面正应力分析相呼应。

除基本公式外,薄壁圆管扭转应力分布有以下几个特殊点:

① 基于切应力互等与薄壁圆管内外表面应力为零,推断圆管横截面上扭转切应力的径向分量为零,换言之,扭转切应力垂直于半径,该结论的获得既简单又自然,不仅修补了常规教学方案的缺陷,而且为后续翘曲现象的讲解埋下伏笔;

② 基于截面轴对称以及轴力为零的特征,容易说明横截面上正应力 $\sigma = 0$,相对于第 3 章中利用圆轴扭转平面假设证明横截面正应力为零,这种方式更符合初学者的认知。

尽管以上针对薄壁圆管扭转应力的分析过程既简单又顺畅,但材料力学中扭转问题的主要对象仍是圆轴,所以如何由薄壁圆管过渡至圆轴是该教学方案设计的关键。

如果两个同质同厚,中心线半径分别为 R_1 与 R_2 的薄壁圆管分别承受扭力矩 T_1 与 T_2,依照式(4.3)可以给出各自的切应力

$$\tau_1 = \frac{T_1}{2\pi\delta R_1^2}, \quad \tau_2 = \frac{T_2}{2\pi\delta R_2^2} \tag{4.4}$$

更进一步,如果这两部分合成为厚度为 2δ 的整体圆管($R_1 - R_2 = \delta$,边界连续)承受扭力矩 T 的状态(见图 4.2),解决问题的关键就转化为确定内外两个薄壁圆管各自承担扭力矩的比例。

由于内外圆管是整体模型经人为分割的两部分,其边界(内圆管的外圆周与外圆管的内圆周)上各点(例如图 4.2 中 A 点)的位移是相同的(变形协调条件),达成该效果的合理推论是内外两层圆管转动相同的角度,相同转角下形变与半径成比例关系,对于同质材料线弹性范围,切应力分布也与半径成如下比例关系:

$$\frac{\gamma_1}{\gamma_2} = \frac{R_1}{R_2}, \quad \frac{\tau_1}{\tau_2} = \frac{R_1}{R_2} \tag{4.5}$$

结合式(4.4)以及 $T = T_1 + T_2$,

$$\frac{T_1}{T_2} = \frac{R_1^3}{R_2^3} \tag{4.6}$$

$$\tau_1 = \frac{TR_1}{2\pi\delta(R_1^3 + R_2^3)}, \quad \tau_2 = \frac{TR_2}{2\pi\delta(R_1^3 + R_2^3)} \tag{4.7}$$

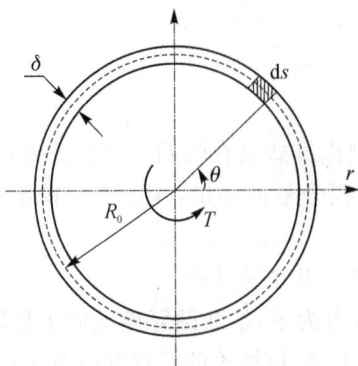

图 4.1 薄壁圆管扭转横截面示意图　　　图 4.2 薄壁圆管组合模型示意图

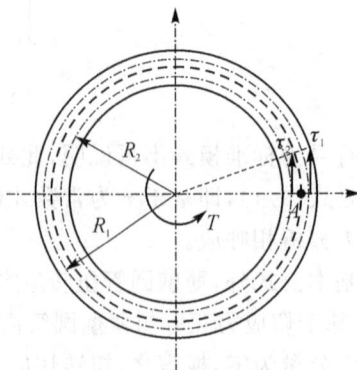

当然,以上的推导结果属于简化近似解,对于内、外直径分别为 d 与 D 的空心圆轴,沿径向划分为 n 层($n \to \infty$),从最外层($R_1 = D/2$)到最里层($R_n = d/2$)顺序编号,每层厚度均为 dR,可看作薄壁圆管,基于式(4.3)与切应力分布形式可得

$$T = \sum_{i=1}^{n} \tau_i \times 2\pi R_i^2 \mathrm{d}R = 2\pi \sum_{i=1}^{n} \tau_1 \frac{R_i}{R_1} R_i^2 \mathrm{d}R \tag{4.8a}$$

$$T = 2\pi \frac{\tau_1}{R_1} \int_{R_n}^{R_1} R^3 \mathrm{d}R = 2\pi \frac{\tau_1}{R_1} \frac{D^4 - d^4}{64} \tag{4.8b}$$

$$\tau_{\max} = \tau_1 = \frac{T}{I_P} \frac{D}{2}, \quad \text{或} \quad \tau_R = \frac{T}{I_P} R \tag{4.8c}$$

其中,$I_P = \dfrac{\pi(D^4 - d^4)}{32}$ 定义为极惯性矩,当扭转圆轴为实心轴时,$I_P = \dfrac{\pi D^4}{32}$。

上述展开过程整体上比较顺畅,关于教学细节有以下几点说明:

① 从单层薄壁圆管到空心圆轴需要变形协调条件,使用两层薄壁圆管模型推导相对简单,两层薄壁圆管模型源于单层薄壁圆管模型的拆分或组合,作者认为组合方式更加符合学生思维模式;

② 由共同边界位移协调到转动相同角度等价于圆轴扭转变形平面假设,从相同转角到切应力分布与半径成比例,涉及切应变与转角的关系以及剪切胡克定律,其中切应变与转角的关系可以使用外表面微元体形变图形进行细节讲解或者在此时引入楔形体,作者建议将该部分放置在后续的扭转变形部分进行讲解,这种模式可以改善扭转章节常规讲授中起始难度过分"陡峭",而后续过于平缓的问题;

③ 两层薄壁圆管模型推导中式(4.6)与式(4.7)对于最终目标不是必须的,给出该部分推导的目的是一方面与前述拉压静不定问题相呼应,另一方面控制讲解的节奏,符合学生认知习惯。

4.3　基于闭口薄壁非圆截面杆扭转变形特征分析

在薄壁圆管应力分析的基础上讲解闭口薄壁杆的应力分析,在条理与逻辑上显得非常自然。如果希望教学过程更加注重思维模式的培养,体现承前启后、问题引导以及层次递进,可将非圆薄壁杆扭转问题拆分为三个台阶:首先讲解等厚度形状规则的闭口薄壁杆(例如闭口椭圆薄壁杆),然后变化为等厚度任意形状的闭口薄壁杆,最后扩展至非等厚度任意形状的闭口薄壁杆。

下面展示如何利用闭口薄壁杆扭转应力和变形特征,通过与薄壁圆管的对比给出平面假设适用条件的机理性解释。

此处不再赘述非圆薄壁杆扭转应力分析的过程,仅给出等厚度规则形状的闭口薄壁杆截面应力分布的图形(图 4.3 为椭圆,为了避免应力集中没有采用经典矩形)用于下面的讨论:

① 按照等厚度薄壁杆横截面的切应力分布规律,中心线上各点的切应力均为 τ,则切应变均为 γ。由于与形心距离不等,中心线各点的转动角度不同,例如图 4.3 中长轴 A 点与短轴 B 点的对应转角 φ_A 与 φ_B,二者并不相等;

② 除对称面位置(长、短轴端点,例如 A 点与 B 点)外,其余各点处切应力方向与径向不垂直,同时存在切向分量与径向分量比例各异,例如图中 C 点与 D 点除转动角度不同,径向变形也不同;另外对比 y 轴对称位置(例如 C 点与 E 点)的应力分量,其径向分量呈反对称模式。

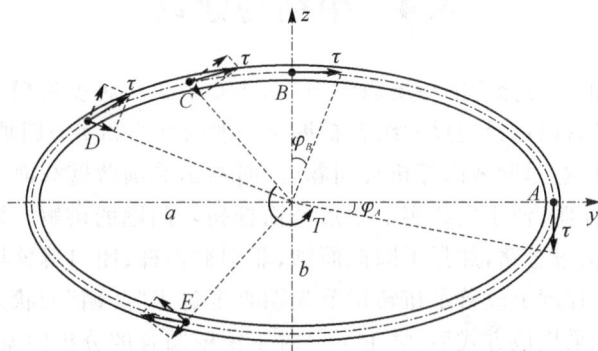

图 4.3 薄壁椭圆杆切应力分布示意图

对于非圆形闭口薄壁杆扭转问题,以上的讨论说明其截面内各点转动角度不同且形状有变化,这种情况与圆轴扭转有本质差异。换言之,圆轴扭转的平面假设是刚性平面转动,以上的分析证明了这种假设对于非圆薄壁杆不成立,采用这种教学模式可以克服非圆截面扭转平面假设不成立缺乏机理性解释的缺陷。

由上述模型组合为非薄壁甚至实心截面,需要满足更为复杂的变形协调条件,已经超出了材料力学常规教学内容的讨论范畴，不建议过多深入介绍。

在传统的教学方案中，实心矩形截面扭转问题的分析直接给出矩形截面杆扭转时外表面变形图样，说明平面假设不成立；也可以首先基于切应力互等定理证明矩形截面角点的切应力为零，对比由圆轴扭转切应力公式给出的外表面切应力最大的结果引出矛盾，然后再给出矩形截面扭转时外表面变形图样，说明圆轴扭转平面假设不再成立是问题的根源。

事实上，此处平面假设不成立是结果而不是原因，基于上述利用非圆薄壁截面的分析已经证明扭转平面假设不成立，所以教学方案略作调整：

① 首先在非圆闭口薄壁杆扭转变形分析的基础上说明圆轴扭转平面假设不再成立；

② 然后给出矩形截面杆扭转时外表面变形图样作为平面假设不成立的例证；

③ 最后基于切应力互等定理证明矩形截面角点的切应力为零，对比由圆轴扭转切应力公式给出的外表面切应力最大的结果，展示矩形截面与圆轴截面扭转应力分布的差异。

此外，该部分可以给出截面特殊位置应力分布的数值计算结果，类似于老亮[29]给出矩形截面 1/4 部分三条直线上应力分量的比例关系（见图 4.4），方便讲解并帮助学生直观感受。

开口薄壁杆扭转问题属于另一范畴，其主要问题在于切应力沿厚度的分布与闭口截面的差异，所以此处不再讨论。

4.4　小结与建议

相对于扭转轴应力分析的传统教学方案，本章提供一种变通模式——先引入特殊的薄壁圆管，然后通过径向尺寸组合扩展至一般的空心和实心圆轴，再由截面形状变化推广到闭口任意薄壁截面杆扭转问题，同时给出非圆薄壁截面杆扭转问题中平面假设不成立的证明，便于后续实心矩形截面杆扭转问题的讲解。该教学方案设计体现由浅入深的渐进思路，加强了圆截面轴、非圆截面杆、闭口薄壁杆等各部分内容的关联，并在一定程度上改善了扭转章节先期难度过于"陡峭"的状态。从作者教学实践的效果观察，采用该方式后，学生不仅对于薄壁圆管的分析印象深刻，而且对于切应力分布与变形形貌的认知效果明显强于传统教学方案。

该教学模式可以作为扭转章节的主导方式，也可以在传统方式讲解后，作为内容回顾的辅助方式。本章内容涉及较多教学设计的思路，不太适合学生自主学习，建议由教师主导讲授。

本章涉及学生能力培养体系的指标点如表 4.1 所列。

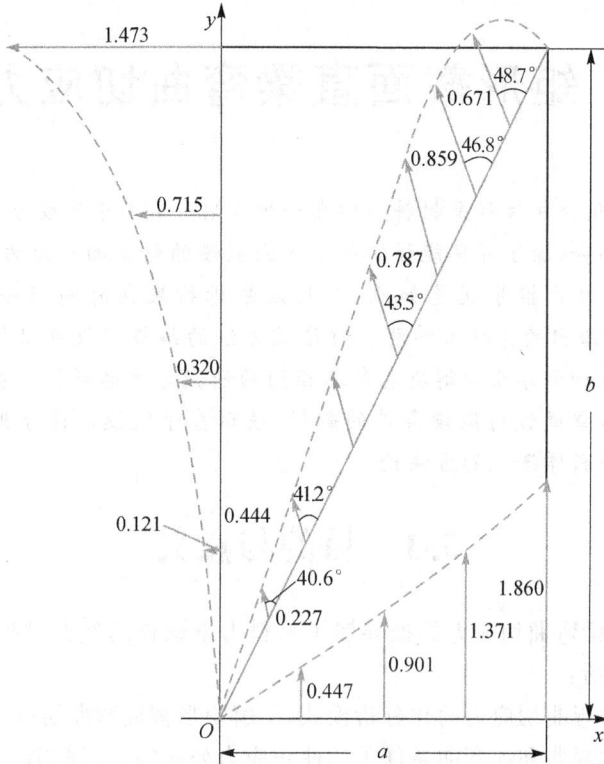

图 4.4 矩形截面杆扭转应力分量比例关系[29]

表 4.1　本章涉及学生能力培养体系的指标点

能　力	对应指标点
1 工程推理和解决问题的能力	1.1 发现问题和系统地表述问题 1.2 建模 1.3 估计与定性分析 1.5 解决方法和建议
2 实验和发现知识	2.1 建立假设
3 系统思维	3.1 全方位思维 3.2 系统的显现和交互作用
4 个人能力和态度	4.2 执着与变通 4.3 创造性思维

第5章 矩形截面直梁弯曲切应力的研讨

　　基于假设简化分析过程是材料力学在分析方法上有别于弹性力学最为明显的特色,在弯曲变形部分,除了耳熟能详的基于平面假设的横截面正应力分析外,矩形截面直梁弯曲切应力的推导也是如此,而且该分析结果在时间顺序上晚于圣维南(Saint-Venant)给出的弹性力学解。讨论该方法的细节不仅可以加深学生对该方法的理解,还可以加强学生对解决复杂工程问题研究方法的感悟。在回顾经典讲授内容的基础上,本章通过对假设条件的剖析,展示基于假设条件分析结果的适用范围,引导学生体会科学研究的方法论。

5.1 目的与意义

　　矩形截面直梁弯曲切应力的推导属于材料力学课程的经典讲授内容[1-5],讲解该部分的目的包括:
　　① 掌握横力弯曲切应力简化分析模式,了解矩形截面弯曲切应力的分布规律;
　　② 讨论对称弯曲和纯弯曲条件下弯曲正应力公式的适用范围。

　　在经典的材料力学教科书中,弯曲切应力的讲解均采用儒拉夫斯基(Jourawski)给出的分析过程,即假设弯曲切应力的方向以及沿宽度的分布,利用分离体轴向静力平衡推导纵向剖面切应力。这种基于假设的推导模式曾经引起较大的争议,铁木辛柯(Timoshenko)在其材料力学教程中对该问题进行过评述,国内的专业教师也多依据弹性力学的方法给出一些改进与讨论[19-22]。

　　过于复杂的推导作为本科生专业基础课程的内容并不适合,相对于圣维南的经典弹性力学分析过程与结果,在简洁性与使用范围上儒拉夫斯基给出的解答在工程界占据优势地位,该方法的特色在于从复杂问题中提取主要影响因素,并将其用于简化问题的分析过程,目前几乎所有的材料力学教材均按照儒拉夫斯基的方法进行讲解。尽管如此,限定工程构件截面的形状与尺寸,在较为"强硬"假设条件下给出的弯曲切应力分布结果在适用范围与精度上还是存在一定的问题。本章直观给出分布图像并说明机理,一方面可以使学生对以矩形截面直梁为对象的分析过程有比较全面的认识,另一方面对于培养学生批判性思维模式有益。

5.2 矩形截面直梁弯曲切应力推导过程的回顾与问题

　　弯曲切应力的分析是材料力学课程的经典讲授内容。对于金属、实心、长梁而言,弯曲切应力相比弯曲正应力有量级上的差异,所以在强度校核中弯曲切应力的地位不显著;但是对于非金属、薄壁、短粗的梁而言,弯曲切应力的数值有可能比较大,在结构分析中需要考虑其影响。

　　材料力学教材中弯曲切应力的推导过程来源于俄国的铁路工程师儒拉夫斯基,他在设计铁路桥梁时发现木材顺纹方向的剪切强度比较低,为了保证结构安全必须考虑弯曲切应力的影响,所以给出了这种分析思路与结果。为了后续问题的提出与讨论的方便,这里先简单回顾其基本方法与过程。

　　该方法的分析对象为对称弯曲的矩形截面直梁,基于弯曲切应力方向与分布假设给出后续推导过程,其对应的图像如图 5.1 所示。

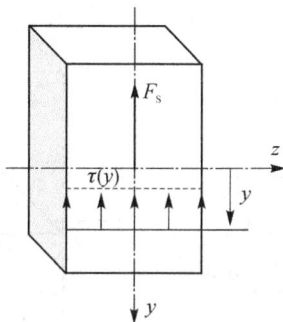

图 5.1　弯曲切应力分布假设示意图

　　图 5.2 所示为推导矩形截面直梁弯曲切应力所用到的受力分析图,根据轴向静力平衡条件列写方程:

$$F_1 + \tau(y) \cdot b \cdot \mathrm{d}x = F_2 \tag{5.1}$$

$$\tau(y) = \frac{F_2 - F_1}{b \cdot \mathrm{d}x} \tag{5.2}$$

在此基础上写出 F_1 与 F_2 表达式并进行化简,有

$$F_1 = \int_{\omega} \sigma \mathrm{d}A = \int_{\omega} \frac{M}{I_z} y \mathrm{d}A = \frac{M S_z(\omega)}{I_z} \tag{5.3}$$

$$F_2 = \int_{\omega} \frac{M + \mathrm{d}M}{I_z} y \mathrm{d}A = \frac{(M + \mathrm{d}M) S_z(\omega)}{I_z} \tag{5.4}$$

$$\tau(y) = \frac{F_S \cdot S_z(\omega)}{I_z \cdot b} \tag{5.5}$$

以上推导过程在教科书中有详细解释,这里不再赘述其中细节,沿梁截面高度方向弯曲切应力的分布为抛物线。

　　此处重复列写相关公式是为了提出一个问题:以上的经典推导过程在逻辑关系上是否严密(尽管该推导过程基于一定假设,且根据假设条件获得的结果往往有偏差,但这种偏差属于精度问题,并不表示分析过程在逻辑上有问题)?

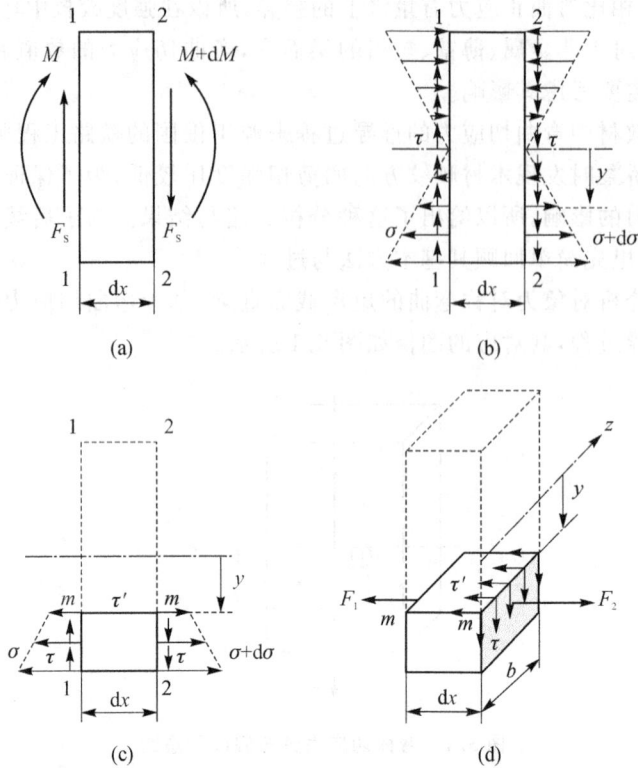

图 5.2   弯曲切应力分析中分离体力平衡示意图

此推导过程逻辑上的问题出现在式(5.3)与式(5.4),其中代入了弯曲正应力公式,而弯曲正应力公式的推导是基于对称弯曲＋纯弯曲的状态,此处讨论弯曲切应力,分析对象必定不满足纯弯曲条件,在非纯弯曲(横力弯曲)情况下使用纯弯曲正应力公式,该推导在逻辑上有瑕疵。

该瑕疵涉及“正反”两个问题:“正”问题是采用纯弯条件的正应力公式对于弯曲切应力分析结果的影响;“反”问题是横力弯曲中由纯弯条件导出的正应力公式的适用性。两个问题看似不同,但只要解决了“反”问题,说明由纯弯条件导出的正应力公式的适用性,“正”问题也就有了答案——因为以上切应力推导过程中使用轴向静力平衡条件得到切应力的方法总是正确的,只要在积分区域内采用正确的正应力公式就能修补这个瑕疵。

由此问题的核心转为讨论纯弯正应力公式在横力弯曲中的适用性问题,包括无分布载荷和有分布载荷两种情况的讨论,该部分在教科书中均会提及,差异在于篇幅多少。关于在横力弯曲中纯弯正应力公式的适用性问题在本书第 13 章有详细的讨论,所以此处就不再重复列出,这里着重指出该问题意在说明:

① 教科书在弯曲切应力部分重新讨论弯曲正应力的原因;

② 相对于弯曲切应力,实心金属长梁中弯曲正应力占据主导地位,所以纯弯正应力公式在横力弯曲模式(属于绝大部分情况)中的适用性问题非常重要,其优先级高于弯曲切应力的讨论。

除了推导过程中引入纯弯正应力公式的问题外,该推导中还利用了弯曲切应力的分布假设与弯曲切应力的方向假设,表述为:

① 横截面上各点处的切应力沿截面宽度均匀分布;

② 横截面上各点处的切应力均平行于剪力或截面侧边;

该假设基于横截面属于窄而高的类型,下面分别讨论其影响与适用性。

5.3　矩形截面直梁弯曲切应力假设的讨论

在经典弹性力学教程中,类似的问题采用单位宽度的前提或者直接采用平面问题描述,分析结果表明弯曲切应力沿高度方向(剪力方向)的分布与材料力学解答一致,该结论与以上的问题没有直接关联。更一般的情况,例如不同截面形状与载荷状态,相关弹性力学推导过程非常烦琐,与材料力学问题分析的模式也不一致。针对 5.2 节提出的问题,为了给予学生更加直观的感受,此处直接使用三维有限元模型的计算结果给出应力分布图像,对照解释其中的机理。

5.3.1　沿剪力方向弯曲切应力沿宽度的分布

首先分析弯曲切应力沿宽度方向均匀分布的假设,如图 5.3 与 5.4 所示,图中色带表示沿剪力方向弯曲切应力 $\tau_y(y,z)$ 的大小分布(经典材料力学教材由于仅考虑沿剪力方向的弯曲切应力,所以教材中切应力记为 τ 没有下标,为了兼顾表达简洁与方向明晰,此处采用单下标 y 表示剪力方向的弯曲切应力,以便与 5.3.2 节中垂直于剪力的 z 向弯曲切应力相区别),图 5.3 中各截面高宽比分别为 10.0,5.0,2.5,1.0;图 5.4 中各截面高宽比分别为 1.0,0.5,0.25,0.1。观察色带的平行度可知,在高宽比为 5.0 时,弯曲切应力 $\tau_y(y,z)$ 沿宽度方向的分布已经表现出非常明显的不均匀性。

以高宽比 10∶1 与 1∶1 为例,图 5.5 给出了典型高度位置(中部与接近顶部)$\tau_y(y,z)$ 沿宽度分布情况以及最大值与中心值(对称轴位置)之比。如果以 5% 的偏差衡量,高宽比应大于 2.0,该比例参数下矩形截面直梁弯曲切应力均匀分布假设具有合理性与一定的工程精度。

为了说明材料力学公式的精度,选取高宽比为 2.5 的模型,对于中性轴(0.5h)与半高(0.25h)位置的 $\tau_y(y,z)$ 进行比较,以材料力学解为标准,其偏差百分比数据如表 5.1 所列。由表 5.1 可知,最大偏差出现在边界,而最小值出现在中心点。

基本结论:剪力方向弯曲切应力沿宽度方向均匀分布的假设的适用范围要求高宽比大于 2.0,小于此数值应当考虑偏差的影响。

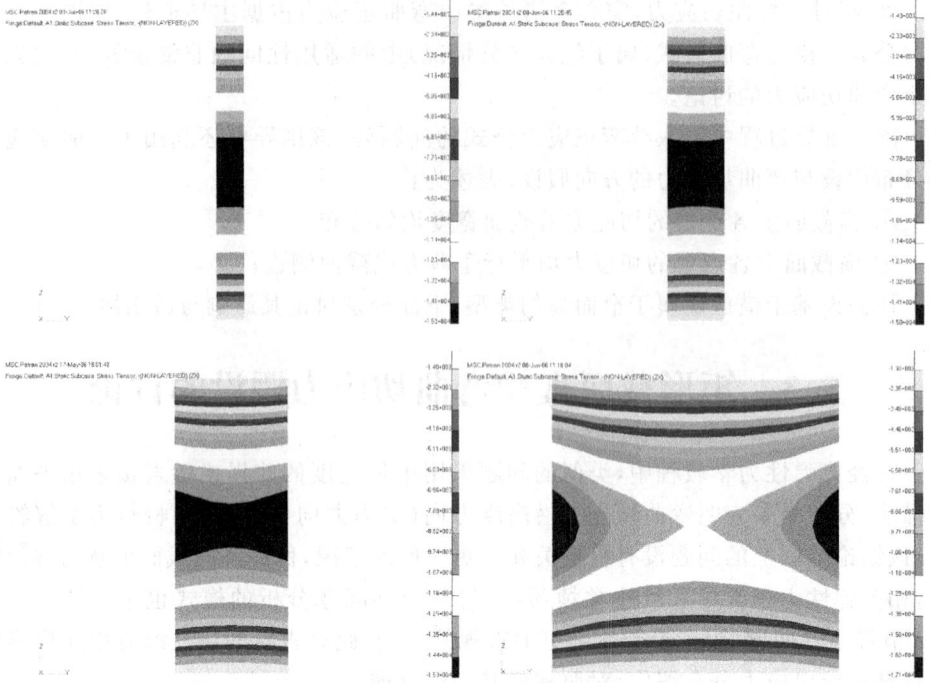

图 5.3　剪力方向弯曲切应力(单位：kPa)沿宽度分布($h:b=10.0,5.0,2.5,1.0$)

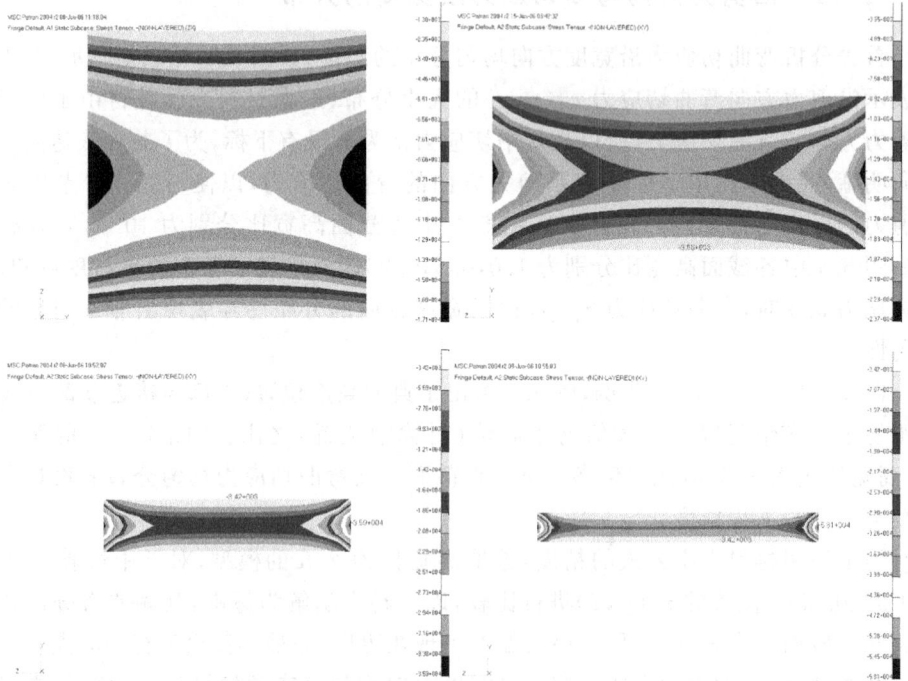

图 5.4　剪力方向弯曲切应力(单位：kPa)沿宽度分布($h:b=1.0,0.5,0.25,0.1$)

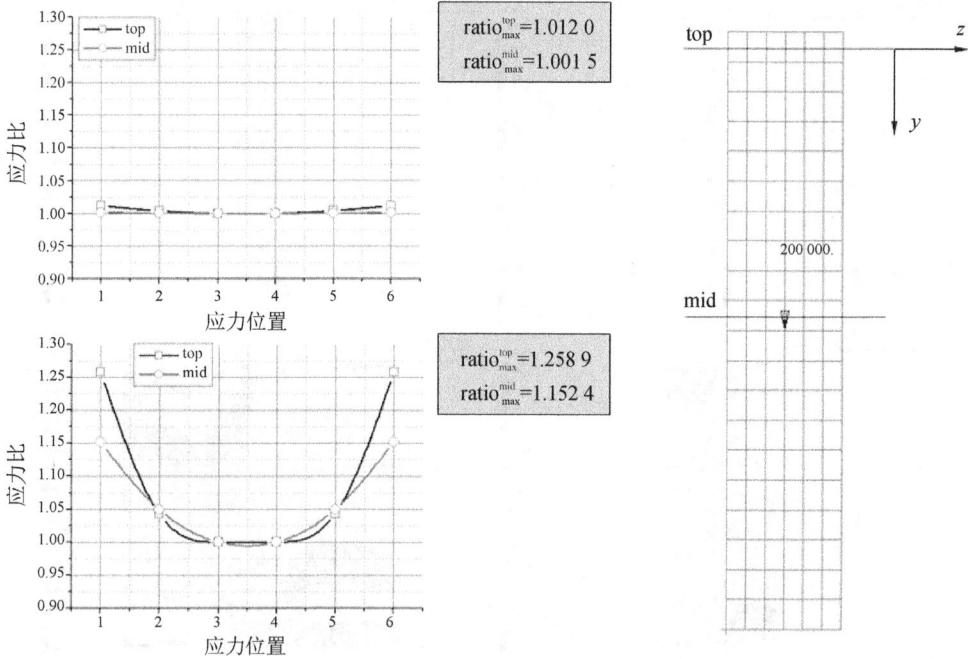

图 5.5　剪力方向弯曲切应力沿宽度分布偏差($h:b=10.0,1.0$)

表 5.1　三维有限元数值分析结果(标准值)与材料力学解的比较

位　置	最大值	最小值	平均值
$0.5h$	$+2.1\%$	-1.6%	0.0%
$0.25h$	$+2.7\%$	-2.1%	0.0%

5.3.2　垂直于剪力方向的弯曲切应力

本节讨论弯曲切应力方向的假设,根据切应力互等定理,在矩形截面侧边处的弯曲切应力一定沿剪力方向,或者表述为矩形截面侧边处垂直于剪力方向的弯曲切应力一定等于零。对于其他位置,是否存在垂直于剪力方向的弯曲切应力 $\tau_z(y,z)$ 呢?图 5.6 与图 5.7 给出了不同高宽比(比值与 5.3.1 节相同)矩形截面内 $\tau_z(y,z)$ 的分布情况。

从图中色带分布可以看出,垂直于剪力方向的弯曲切应力不仅存在,而且其分布范围随着宽高比的增加逐步增大。从分布形式上看,截面对称轴位置的 $\tau_z(y,z)$ 始终为零,截面左右、上下均反对称分布,由应力分布规律所获得的 z 向剪力为零,满足 z 向力平衡条件。

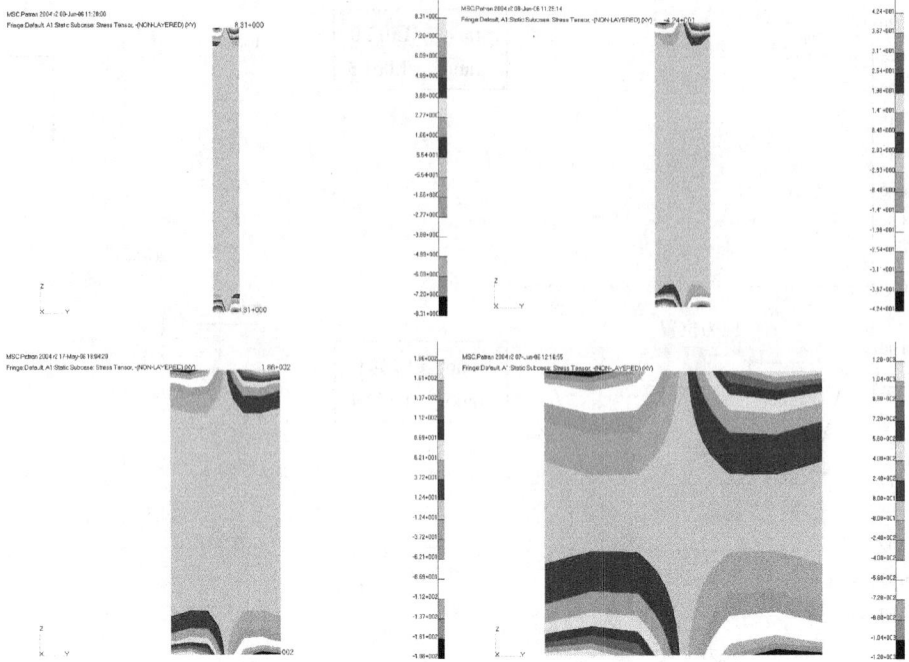

图 5.6　垂直于剪力方向弯曲切应力（单位：kPa）沿宽度分布（$h : b = 10.0, 5.0, 2.5, 1.0$）

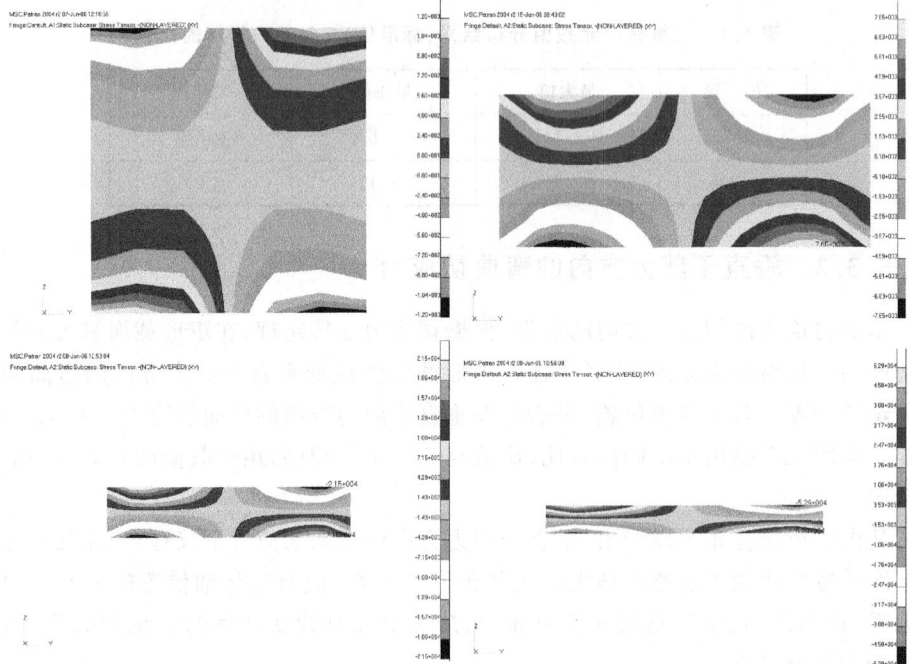

图 5.7　垂直于剪力方向弯曲切应力（单位：kPa）沿宽度分布（$h : b = 1.0, 0.5, 0.25, 0.1$）

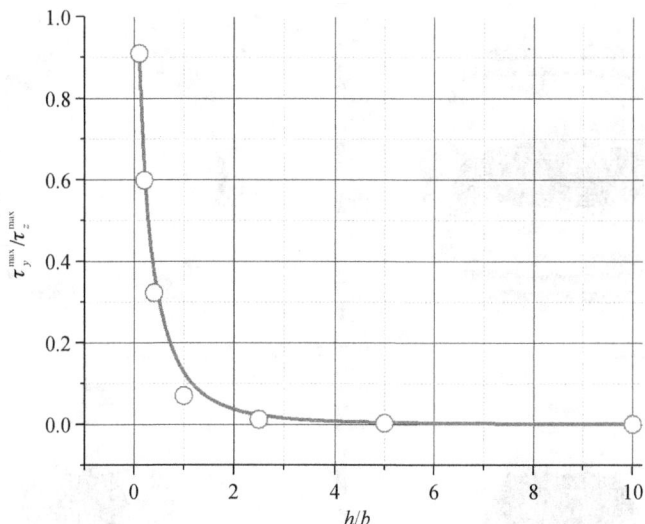

图 5.8　两个方向弯曲切应力最大值之比随高宽比的变化

　　从机理上看,$\tau_z(y,z)$ 的出现源于变形协调:在横力弯曲中沿轴向不同截面(不同 x 坐标)的同一位置(同一 y 坐标)的弯曲正应力(正应变)大小不同,由泊松效应导致的横向(垂直于剪力的 z 方向)变形沿轴向也有变化,这种变形模式的协调引入在垂直于剪力的方向出现弯曲切应力 $\tau_z(y,z)$。在对称面位置横向位移为零,所以这些位置的 $\tau_z(y,z)$ 始终为零。以上的机理解释可以通过减小材料的泊松比数值加以验证,当泊松比取零值时,横力弯曲状态不会出现垂直于剪力方向的弯曲切应力,当然,纯弯条件下也不会出现切应力。

　　另外,尽管在横截面中存在 $\tau_z(y,z)$,但其与 $\tau_y(y,z)$ 相比量级如何? 图 5.8 给出了两个方向弯曲切应力最大值的比较,以 $h:b=1:1$ 为例,二者比值约 7%。正是由于量级上的差异,在矩形截面弯曲切应力分析中没有提及垂直于剪力方向的弯曲切应力 $\tau_z(y,z)$。尽管 $\tau_z(y,z)$ 的最大值远小于 $\tau_y(y,z)$ 的最大值,但值得指出,二者出现最大值的位置并不重合,在四周接近边角处二者量级可能达到相同的量级,其直观图像是这些位置弯曲切应力的方向与剪力方向有较大差异。

5.4　其他截面形状直梁的弯曲切应力分布

　　以上给出了矩形截面直梁横力弯曲状态下弯曲切应力的分布情况。除矩形截面外,图 5.9 与图 5.10 分别给出了另外几种常见截面中沿剪力方向弯曲切应力 τ_y 与垂直于剪力方向弯曲切应力 τ_z 的分布,图 5.11 还给出了二者最大值的比较。可以看出,除矩形截面外,其他截面直梁弯曲切应力分析使用切应力大小与方向的假设并不符合实际情况,这也是材料力学中仅以矩形截面为例讲授弯曲切应力的主要原因。

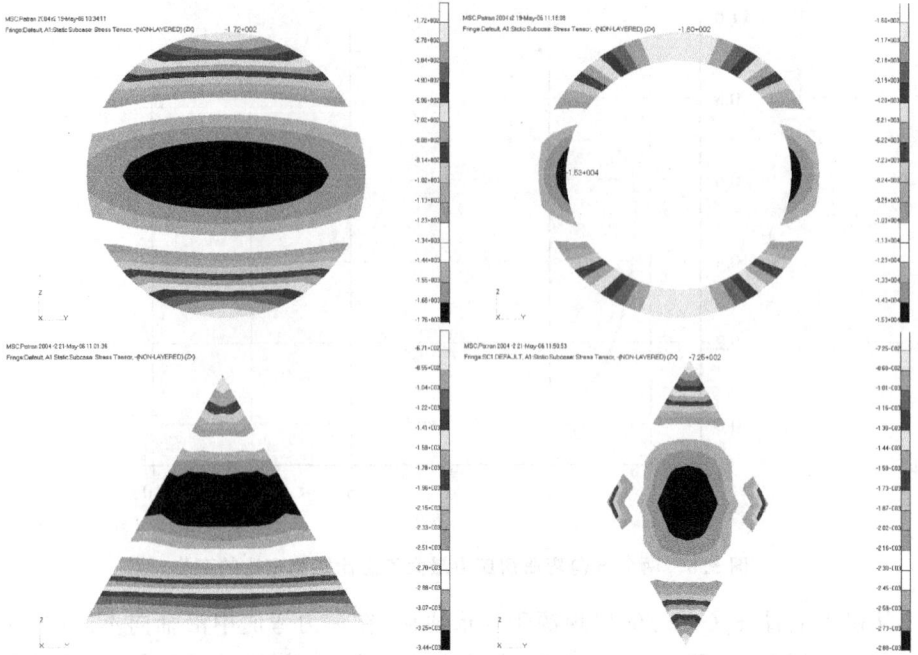

图 5.9　不同截面直梁剪力方向弯曲切应力(单位:kPa)的截面分布

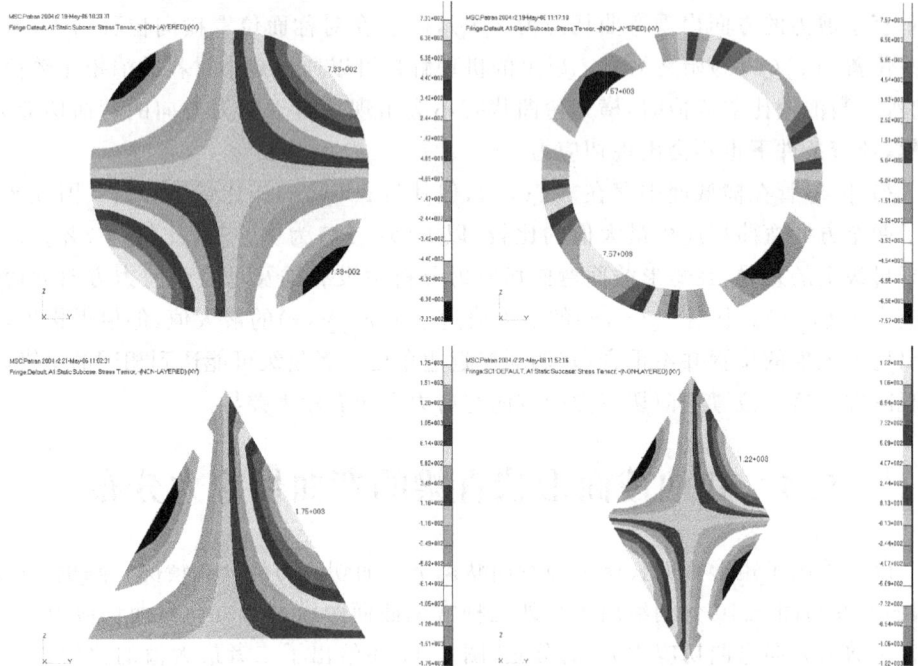

图 5.10　不同截面直梁垂直于剪力方向弯曲切应力(单位:kPa)的截面分布

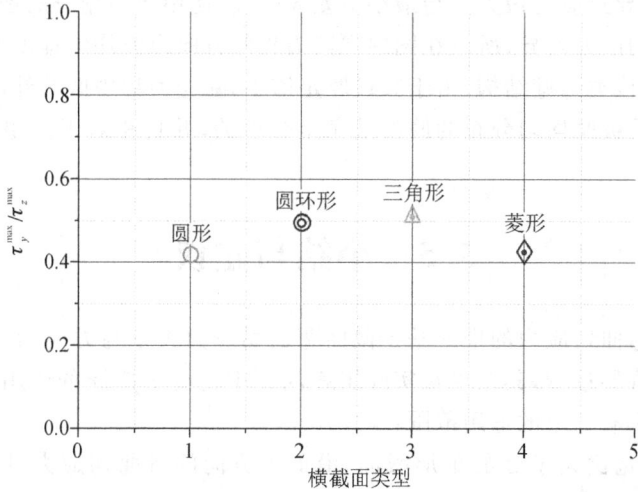

图 5.11　几种典型截面形状中不同方向弯曲切应力最大值的比值

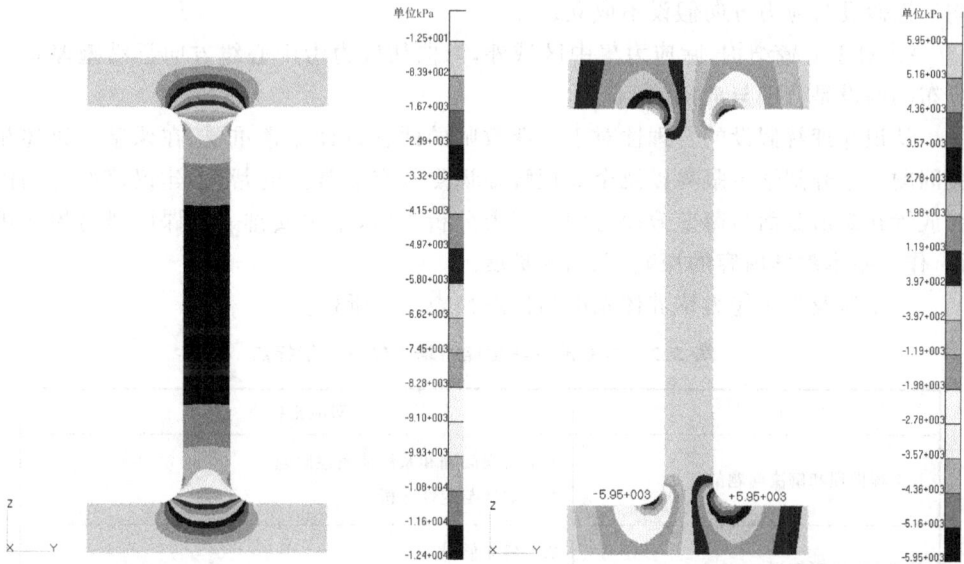

图 5.12　工字形截面形状中沿剪力方向弯曲切应力(左)与垂直于剪力方向弯曲切应力(右)(单位:kPa)

尽管如此,此处仍需强调:尽管这些截面上弯曲切应力的分布既不满足沿宽度方向均匀分布的假设,也不满足沿剪力方向的假设,但儒拉夫斯基给出的这种分析模式仍然是正确的,只不过由于没有类似假设,故无法得到非常明晰简单的解析解而已。

除此之外,材料力学中经常涉及工字截面梁与 T 形截面梁,为了避免严重的应力集中,实际工程结构中的截面形状与教科书中的图形有一定差距。图 5.12 给出了简化工字截面弯曲切应力的分布,几何模型已经进行了圆角过渡处理,但由于应力集中区域的出现,导致应力最大值与最小值差异较大,使用等距划分的条带图弱化了非应力集中区域的应力差异,所以在图中观察沿板厚方向应力均匀程度不是非常清晰。尽管如此,对于该类薄壁结构,由于其壁厚足够小,除应力集中区域外,弯曲切应力沿中心线方向并沿板厚均匀分布的假设是完全合理的,并且相对于典型的矩形截面更加精准。

5.5　小结与建议

矩形截面弯曲切应力的推导基于截面弯曲切应力大小与方向的假设,采用该模式极大简化了推导过程,其结果在实际工程问题中得到了广泛的应用。但这种假设下得出的结论具有一定的适用范围:

① 对于高宽比大于 2 的矩形截面,沿剪力方向的弯曲切应力可以看作均匀分布,除上下边缘角点附近区域外,大部分位置弯曲切应力的方向沿剪力方向;

② 对于绝大部分非矩形实心截面的横力弯曲问题,截面弯曲切应力沿宽度方向均匀性假设与应力方向假设不成立;

③ 对于薄壁结构,除应力集中区域外,弯曲切应力沿中心线方向且沿壁厚均匀分布的假设是合理与准确的。

认识并理解假设的合理性对于授课教师的课程设计非常重要,在课堂上讲述相关问题对于开阔学生眼界以及全面理解知识点具有非常大的帮助,建议该部分的内容放置在矩形截面与薄壁截面弯曲切应力分析之后,单独安排一次课以研讨模式进行,作为基本教学内容的探究、总结与扩展。

本章涉及学生能力培养体系的指标点如表 5.2 所列。

表 5.2　本章涉及学生能力培养体系的指标点

能　力	对应指标点
1 工程推理和解决问题的能力	1.1 发现问题和系统地表述问题 1.3 估计与定性分析
2 实验和发现知识	2.1 建立假设 2.3 实验性探索(利用有限元等数值模拟也称为数值实验)
3 系统思维	3.3 确定主次与重点 3.4 解决问题时的妥协、判断和平衡
4 个人能力和态度	4.4 批判性思维

第6章 工字形截面弯曲切应力分布辨析

工字形截面是材料力学薄壁结构的典型代表,部分教材与教学资料中关于工字形截面弯曲切应力分布存在问题与争议,本章利用简化模型与力平衡条件给出理论分析结果,同时展示有限元分析对比结果作为研讨性教学素材。

6.1 目的与意义

材料力学以杆件为主要研究对象,在课程基本理论讲解中最常见的杆件横截面是矩形和圆形,而工字形截面的出现源于弯曲梁合理强度与刚度设计中把材料置于高应力区(或者在相同横截面积条件下提高截面抗弯截面系数与惯性矩),加之基于此原因的工程型材应用广泛,所以,作为薄壁截面的典型代表,工字形截面的弯曲问题分析成为材料力学教学内容的重要部分,包括弯曲正应力、弯曲切应力、应力应变状态、强度理论与组合变形分析。

对于工字形截面切应力分析的教学,从理论上看应该没有歧义:相比矩形截面,基于薄壁结构的特征,工字形截面弯曲切应力的方向假设与大小分布假设与真实情况符合程度更高;分析方法与矩形截面一致——基于相邻横截面弯曲正应力合力差的平衡条件。在课程教学与习题讨论中容易引发争议的部分在于腹板与翼缘交界区域的应力分布:由于存在应力集中现象,故在弯曲切应力部分的教学过程中该区域的应力分布一般不作教学要求,仅给出大致分布图形即可;但是后续的应力应变状态分析与组合变形强度条件中,工字形截面梁(或 T 形截面梁)在强度分析中往往作为最为常见的截面形式出现,而且还涉及危险点的确定与强度理论的选择,所以在细节讨论时又不可避免涉及应力分布细节。

事实上,相对于常见的矩形或圆形截面,按照材料力学简化假设分析方法,工字形截面的面内应力分布规律可以由静力平衡完全确定,并不需要更多的变形协调论证。加之利用不同分离体模型进行平衡分析在材料力学习题中多有出现,例如扭转圆轴与弯曲直梁的二分之一或四分之一模型的力(矩)平衡分析[2,3,27],这种分析方法学生容易接受,所以本节给出相关疑点与讨论,可以作为研讨性课程的补充素材。

6.2 教学内容的回顾与问题表述

图 6.1 是材料力学教材中工字形截面直梁横力弯曲分析的典型图样,图中剪力沿 y 轴向下,z 轴为工字形截面的中性轴。图中标出了当剪力沿 y 轴正向时弯曲切

应力的方向,当翼缘厚度 δ_f 与腹板厚度 δ_w 远小于中心线高度 h_0 与截面宽度 b 时,教材或网上常见课件中给出截面弯曲切应力的分布模式如图 6.2 所示[5,6]:翼缘弯曲切应力 τ_{xz} 沿厚度均匀分布,在 z 方向线性分布;腹板弯曲切应力 τ_{xy} 沿厚度均匀分布,在 y 方向呈抛物线分布,中性轴处达到最大值。各处的弯曲切应力计算公式均为

$$\tau = \frac{F_S S_z(\omega)}{I_z \delta} \tag{6.1}$$

式中,$S_z(\omega)$ 与 δ 分别为对应位置的静矩与厚度,I_z 为轴惯性矩。

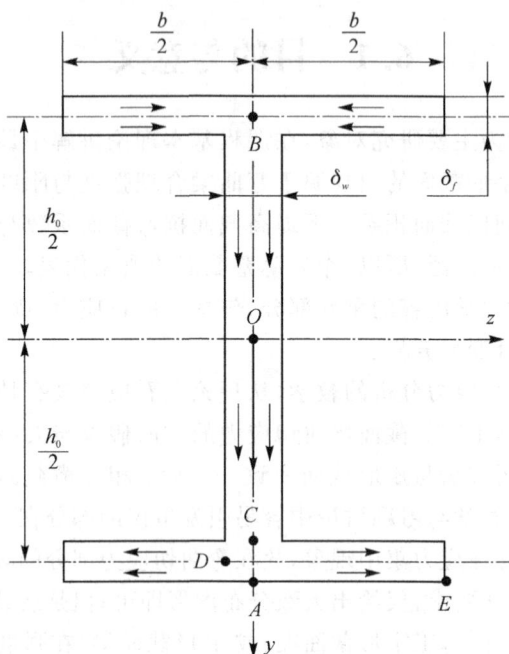

图 6.1　典型工字形梁横截面示意图

在教学过程中可能出现的问题包括:

① 截面几何与载荷均关于 y 轴对称,理论上对称轴处垂直于对称轴的位移(z 向位移)为零,所以 y 轴各点 $\gamma_{xz}=0$,即在 $z=0$ 的位置 $\tau_{xz}=0$,这与图 6.2 中翼缘 τ_{xz} 分布特性不符;

② 在强度校核的危险点选取中,图 6.1 中 A 点与 O 点无异议,为什么选取 C 点而不是 B 点? ——尽管 B 点的切应力小于 C 点,但 B 点正应力大于 C 点,且一般情况下弯曲正应力大于弯曲切应力。

这类问题不仅关联工字形截面,也广泛存在于工程各种型材构件中,无论作为教学讲解还是后续应用,既然类似的问题不可避免,不如利用材料力学简化模型加以说明,避免该类问题成为学生心中的"灰色地带"。

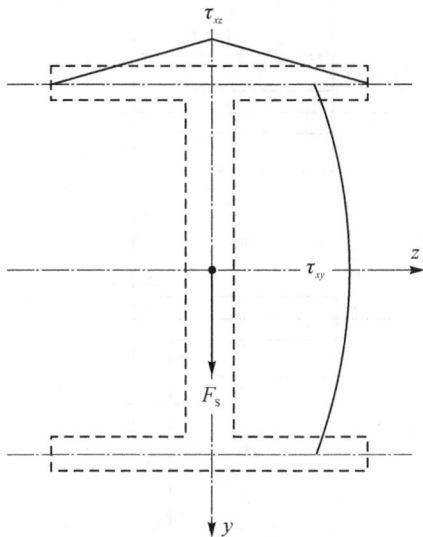

图 6.2　工字形梁中心线简图中切应力分布

6.3　翼缘部分切应力的分布

6.3.1　翼缘 z 向切应力的分布

梁弯曲切应力求解均基于相邻横截面弯曲正应力合力差的平衡条件,对于翼缘部分取分离体(取左段为代表)进行力平衡分析,如图 6.3 所示。

① 当 $z_1 \leqslant (b-\delta_w)/2$ 时,基于 τ_{xz} 在 $K\text{—}K'$ 截面上均布(见图 6.3(a)),可得

$$\tau_{xz} = \frac{F_s \delta_f z_1}{I_z \delta_f} \frac{h_0}{2} = \frac{F_s}{I_z} \frac{h_0}{2} z_1 \tag{6.2}$$

② 当 $(b-\delta_w)/2 \leqslant z_1 \leqslant b/2$ 时,基于 τ_{xz} 在 $K\text{—}K'$ 截面上均布并假设 τ_{xy} 在 $L\text{—}K'$ 截面上均匀分布(见图 6.3(b)),可得

$$\tau_{xz} = \frac{F_s}{I_z} \frac{h_0}{2} \frac{b-\delta_w}{\delta_w} \left(\frac{b}{2} - z_1 \right) \tag{6.3}$$

观察翼缘区域应力分布规律,其中有两个特殊点:

① 特殊点 $1:z_1 = b/2$(图 6.1 中 B 点,是对称轴与翼缘中心线交点),$\tau_{xz} = 0$;

② 特殊点 $2:z_1 = (b-\delta_w)/2$(图 6.1 中 D 点,是腹板边缘延长线与翼缘中心线交点),该方向切应力为最大值,$\tau_{xz} = \dfrac{F_s}{I_z} \dfrac{h_0}{2} \dfrac{b-\delta_w}{2}$。

综上可知,翼缘中心线 τ_{xz} 的分布如图 6.3(c)所示,在对称轴 B 点为零,D 点为最大值,两段均为线性分布,以上的结论基于弯曲切应力沿厚度为均匀分布。

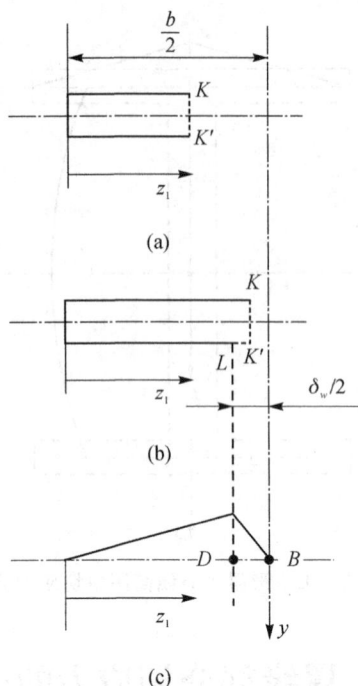

图 6.3　翼缘分离体与 τ_{xz} 分布示意图

6.3.2　翼缘 y 向切应力的分布

根据切应力互等定理,翼缘上下边缘处 y 向切应力 $\tau_{xy}=0$,加之翼缘厚度较小,由此得出翼缘内部 $\tau_{xy}=0$ 的结论。事实上,除上下边缘外均存在 y 向切应力 $\tau_{xy}\neq0$,从平行于 z 轴纵切面的翼缘分离体平衡分析就可得到这一结论。理论上,翼缘任一纵截面上 τ_{xy} 的分布都是复杂的,无法基于材料力学的均布假设给出精确的理论表达式,但为了后面与数值结果的比较与分析,此处仍假设图 6.4 中 $K-K'$ 纵截面上 τ_{xy} 均布,由此给出名义值

$$\tau_{xy}=\frac{F_S}{I_z}\left(\frac{h_0+\delta_f}{2}-\frac{y_1}{2}\right)y_1 \tag{6.4}$$

当 $y_1=\delta_f$ 即纵截面为 $L-L'$ 时,τ_{xy} 的均布模式相对准确

$$\tau_{xy}^{L-L'}=\frac{F_S}{I_z}\frac{h_0}{2}\delta_f\frac{b}{\delta_w} \tag{6.5}$$

由式(6.4)与式(6.5)可得 $\tau_{xy}^{L-L'}/\tau_{xy}(y_1=\delta_f)=\dfrac{b}{\delta_w}$。该间断阶跃现象源于 $K-K'$ 纵截面上 τ_{yz} 均布的假设:由于宽度尺寸突变,实际的 τ_{xy} 在宽度 b 上不可能均匀分布,这也是真实工字形截面在翼缘与腹板之间有圆弧过渡的原因——降低应力集中。

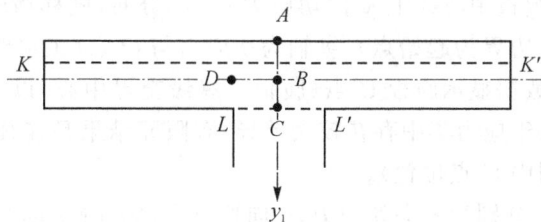

图 6.4　求解 τ_{xy} 的翼缘分离体示意图

6.4　不同位置的应力比较

在强度校核中涉及确定危险点的要求,故此处估算典型位置的应力大小。按照材料力学简化分析方法,翼缘部分不考虑 y 向弯曲切应力 τ_{xy},腹板部分不考虑 z 向弯曲切应力 τ_{xz}。

由以上分析可知,图 6.4 中 D 点相对 B 点更危险,所以此处比较 D 点与 C 点的等效应力,为了方便计算采用第三强度理论(采用第四强度理论的结论相同),等效应力的平方差为

$$(\sigma_{r3}^D)^2 - (\sigma_{r3}^C)^2 = \left(\frac{M}{I_z}\right)^2 \frac{\delta_f}{2}\left(h_0 - \frac{\delta_f}{2}\right) + \left(\frac{F_s h_0}{2I_z}\right)^2 \left[(b-\delta_w)^2 - \left(2b\frac{\delta_f}{\delta_w}\right)^2\right] \tag{6.6}$$

取 $h_0 \sim 10\delta_f$,$b \sim 10\delta_w$,$\delta_f \sim \delta_w$,$M = F_s L$ 进行估算

$$(\sigma_{r3}^D)^2 - (\sigma_{r3}^C)^2 \approx \left(\frac{F_s}{I_z}\right)^2 \frac{h_0^2}{20}(L^2 - 15b^2) \tag{6.7}$$

对于一般工程长梁 $L > 10b$,所以 D 点应该比 C 点更危险。由此可以看出,材料力学习题中要求计算 C 点应力主要是出于计算简便的考虑[26]。

6.5　数值结果的展示与比较

为了对工字形截面翼缘以及翼缘与腹板交界区域的切应力分布有直观感受,此处利用有限元分析给出数值结果并与上述简化理论分析结果(图 6.5 与图 6.6 中理论解是基于材料力学假设的结果)进行比较。图 6.5 中横轴为翼缘中心线正则化位置(以翼缘中心线左边界为起始点),纵轴为切应力与 D 点 z 向切应力 τ_{xz} 的比值。图 6.5 中左边界有限元结果由于单元划分的原因不可能达到零值,除去 D 点附近区域,τ_{xz} 的分布与理论解吻合很好;翼缘中心线两侧 70% 左右的区域 y 向切应力 τ_{xy} 的确与 z 向 τ_{xz}^D 有量级差异,且基本均匀分布,但在翼缘与腹板交界区域快速增加至与 τ_{xz} 相当的量级,总体均值与理论分析结果相等。

图 6.6 给出了腹板中心线上 y 向切应力 τ_{xy} 的分布,同样横轴为腹板中心线正则化位置(以翼缘上边界为起始点),纵轴为切应力与 O 点(工字形截面形心)y 向切应力的比值。图中数据显示腹板 C 点(腹板与翼缘交界中心)以下部分的结果符合理论解,交界部分由于应力集中存在较大差异:有限元结果是连续分布,而简化理论解存在间断现象(图中 C 点位置)。

图 6.7～图 6.9 分别为 z 向切应力,y 向切应力,Von Mises 应力的等高线图样,可以作为课程讲解时的展示材料,更多与过渡圆弧相关的结果可以在弹性理论书籍中找到[9],此处不再列出。

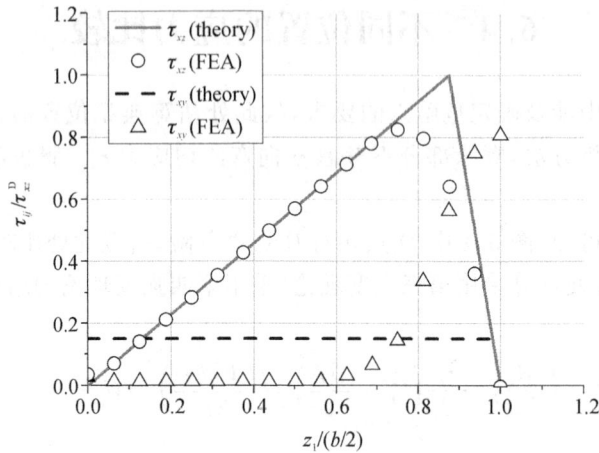

图 6.5 翼缘中心线位置 τ_{xz} 和 τ_{xy} 分布与比较

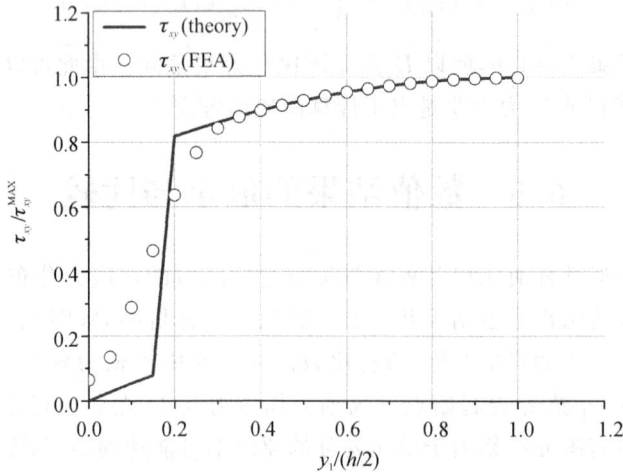

图 6.6 腹板中心线位置 τ_{xy} 分布与比较

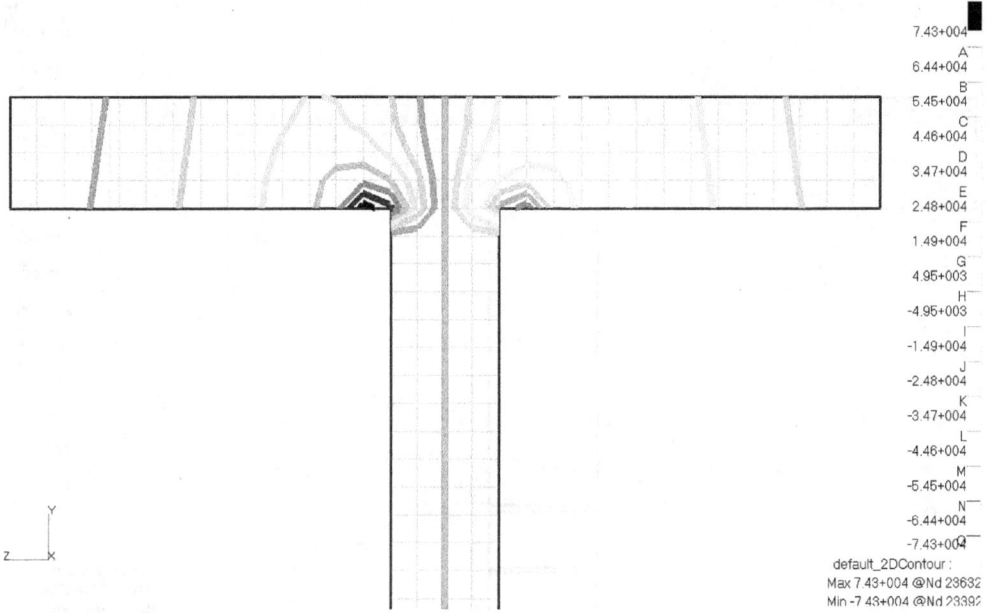

图 6.7　τ_{xz} 的有限元结果

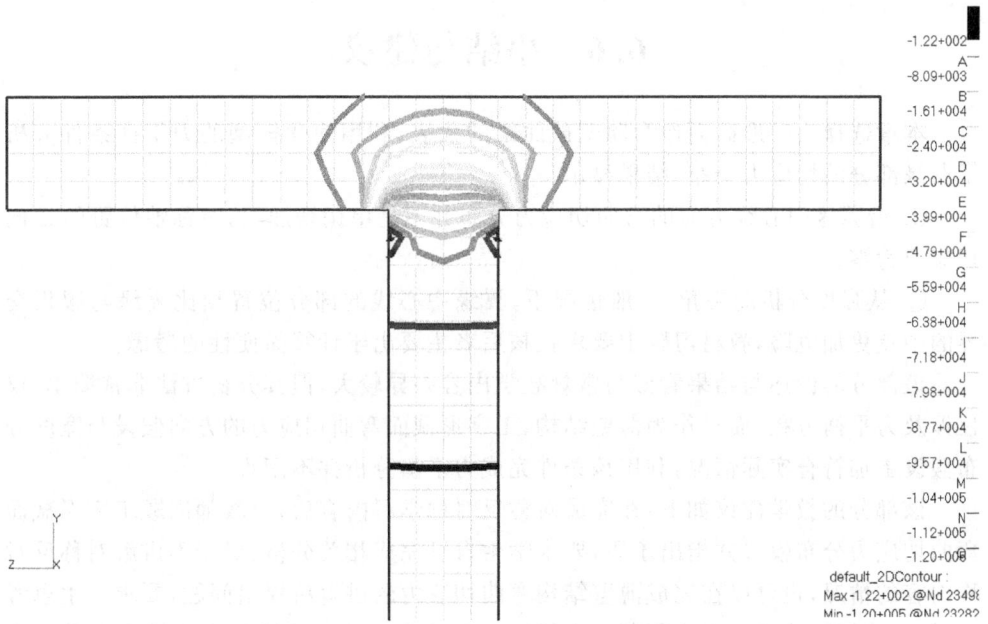

图 6.8　τ_{xy} 的有限元结果

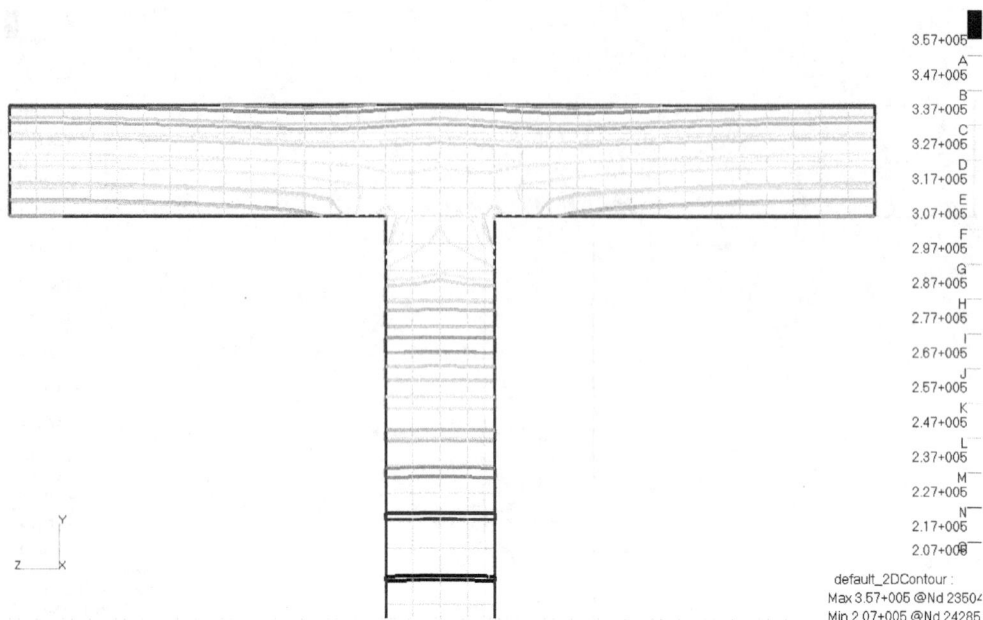

图 6.9　Von Mises 应力的有限元结果

6.6　小结与建议

本章选择工字形截面作为薄壁截面梁的代表,利用简化模型的力平衡条件分析了翼缘部分的切应力分布,结果显示:

① 沿翼缘中心线方向的弯曲切应力分布并不是单调增加的,对称轴位置的 z 向切应力为零;

② 从强度分析的视角,一般情况下,翼缘中心线的部分位置相比翼缘与腹板交界的中点更加危险,教材习题中要求校核后者主要出于计算简便性的考虑。

该部分的论述与结果看似与常规教学内容差异较大,但其分析方法非常简单,仅仅涉及力平衡方程,而且作为薄壁结构,工字形截面弯曲切应力的方向假设与宽度分布假设更加符合实际情况,利用该条件完成力平衡分析并不困难。

该部分的教学建议如下:在完成对称反对称学习内容后,由教师回顾工字形截面弯曲切应力分布模式并指出矛盾,要求学生自己完成相关分析;对于不讲解对称反对称内容的情况,也可以在完成薄壁结构弯曲切应力的讲解后提出问题,要求学生思考并讨论。另外,分析过程中判断不同尺度均匀性假设的正确性与准确性也有助于学生的能力培养,指导教师可以专门针对该问题展开讨论。

本章涉及学生能力培养体系的指标点如表 6.1 所列。

表 6.1　本章涉及学生能力培养体系的指标点

能　力	对应指标点
1 工程推理和解决问题的能力	1.1 发现问题和系统地表述问题 1.2 建模 1.3 估计与定性分析 1.5 解决方法与建议
2 实验和发现知识	2.1 建立假设 2.2 查询印刷资料和电子文献 2.3 实验性的探索 2.4 假设检验与答辩
3 系统思维	3.1 全方位的思维 3.2 系统的显现和相互作用 3.3 确定主次与重点 3.4 解决问题时的妥协、判断与平衡
4 个人能力和态度	4.3 创造性思维 4.4 批判性思维

第7章 杆件变形的表征

材料力学变形分析中给出了拉压、圆轴扭转与弯曲的变形计算公式,尽管该部分的讲解过程和完成习题并无太大的难度,但少有学生甚至教师能够想到这些公式的内涵是基于平面假设给出的一种三维变形简化表征。解决实际问题时如果缺乏对该方面的理解,在分析与评估变形(或位移)时容易出现缺项或量级误判。本章内容基于教科书相关章节的文字描述,引导学生认真研读教材,关注问题引入的细节,展示复杂问题的数学表达与简化过程,训练学生养成科学研究的思维模式。

7.1 目的与意义

材料力学的中心任务是解决结构经济性与安全性的矛盾,结构的安全性评估有三大指标:强度、刚度、稳定性,其中刚度问题以变形分析为基础(事实上,稳定性分析也主要与刚度相关)。在材料力学经典教学内容中,三种基本变形模式的变形计算分别是拉压杆件的轴向位移、圆轴绕轴线的转角以及弯曲梁垂直于轴线的横向位移,对应的典型公式分别为

$$\Delta l = \frac{Fl}{EA} \tag{7.1}$$

$$\varphi = \frac{Tl}{GI_{\mathrm{P}}} \tag{7.2}$$

$$w = \frac{Fl^3}{3EI} \tag{7.3}$$

式(7.1)~式(7.3)分别为一端固定一端自由均匀截面(扭转为圆或圆环截面)直杆承受轴向载荷 F、轴向力矩 T 与横向载荷 F 的自由端轴向位移(拉压变形)、扭转角(扭转变形)与挠度(弯曲变形),其中杆件长、宽、高分别为 l、b、h(圆形截面半径为 R),E 与 G 分别为材料弹性模量与剪切模量,A、I_{P} 与 I 分别为杆件横截面面积、极惯性矩与(轴)惯性矩。

以上概念与公式均为教师与同学熟知的内容,这里提出的问题是:

① 式(7.1)~式(7.3)表示哪些点、哪个方向的位移(或相对位移)?

② 为什么采用这些点、这些方向的位移表征杆件对应的变形?

③ 这种表征方法对于三种基本变形模式是否完备?

如果使用数学的语言表达以上的问题,即杆件内任一坐标为 (x, y, z) 几何点的位移 $\{u, v, w\}$ 是否可以由式(7.1)~式(7.3)导出,即

$$\left.\begin{array}{r}\Delta l \\ \varphi \\ w\end{array}\right\} ? \Rightarrow \left\{\begin{array}{l}u(x,y,z) \\ v(x,y,z) \\ w(x,y,z)\end{array}\right. \tag{7.4}$$

厘清以上问题，才可以说明使用式(7.1)～式(7.3)表示杆件变形(或位移)的正确性与准确性，也可以加深学生对变形公式内涵的理解，更能培养学生分析问题的能力并训练他们养成科学研究的思维模式。

7.2　三种基本变形模式中变形的表征

7.1 节中第一个问题比较简单，式(7.1)～式(7.3)中 Δl，φ 与 w 均为杆件轴线点的位移(或相对位移即变形)，分别沿轴线方向、绕轴线方向以及垂直于轴线方向。

如果考虑到材料力学的研究对象为杆件——一个方向的尺寸远大于另外两个方向的尺寸，在分析中把杆件简化为一维直线，似乎可以解释为什么采用以上的表达式，但在材料力学的应力与应变分析中均采用三维微体(有时为了视觉清晰采用二维图像)，其分析对象并不是一条线。

事实上，材料力学教材中变形分析部分针对该问题有相关论述，只是由于这部分内容散布在不同段落中，故容易被读者忽视，下面分别进行论述。

7.2.1　弯曲模式的变形表征

之所以首先论述弯曲模式，在于该部分的相关论述在教科书中最为集中，也最为典型，在此基础上讨论拉压变形与扭转变形属于"退化"模式，也可以使本章内容的编排显得更为简洁。

各经典教材在弯曲变形部分均有一段引言或论述，此处以单辉祖教授编写的材料力学教材为例[3]，图 7.1 为该部分论述的截图。这段文字并不复杂，公式也很简单，但其中的内涵比较丰富，少有学生甚至教师能够充分把握相关逻辑。下面按照图 7.1 中标注分别解释。

标注①的段落中：

①"在外力作用下，梁的轴线由直线变为曲线。变弯后的梁轴，称为挠曲轴，它是一条连续而光滑的曲线。"——前一句是实验现象的观察与结论，后一句是定义与性质，该性质作为后续求导的基础；

②"如果作用在梁上的外力均位于梁的同一纵向对称面，则挠曲轴为一平面曲线，并位于该对称面内。"——这是一个结论，对于变形表征问题该结论是其中一环，即"挠曲轴为一平面曲线"，一条平面曲线，理论上只需要两个参数就可以表征。

标注②的段落中：

①"研究表明，对于细长梁，剪力对其变形的影响一般可以忽略不计，弯曲时各横截面仍保持平面，并仍与变弯后的梁轴正交。"——这一句是结论，表明将纯弯平面

§7-1　引　言

本章研究梁的变形与位移。研究的目的,不仅是为了进行梁的刚度计算与分析静不定梁,也是为以后研究压杆稳定等问题提供有关基础。

在外力作用下,梁的轴线由直线变为曲线(图 7-1)。变弯后的梁轴,称为挠曲轴,它是一条连续而光滑的曲线。由§6-2 可知,如果作用在梁上的外力均位于梁的同一纵向对称面,则挠曲轴为一平面曲线,并位于该对称面内。 ①

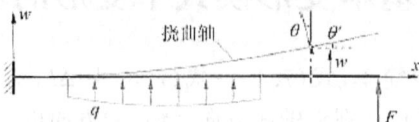

图 7-1

研究表明(见§13-7),对于细长梁,剪力对其变形的影响一般可以忽略不计,弯曲时各横截面仍保持平面,并仍与变弯后的梁轴正交。因此,梁的位移可用横截面形心的线位移与截面的角位移表示。 ②

横截面形心垂直于梁轴方位的位移,称为挠度,并用 w 表示。不同截面的 w 一般不同,所以,如果沿变形前的梁轴建立坐标轴 x,则挠度 w 是坐标 x 的函数,即

$$w = w(x) \tag{a}$$

梁弯曲时,由于梁轴的长度保持不变,因此,截面形心沿梁轴方位也存在位移,但在小变形的条件下,挠曲轴是一条很平坦的曲线,截面形心的轴向位移远小于其横向位移(参阅题 7-5),因而可以忽略不计。所以,式(a)也代表挠曲轴的解析表达式,称为挠曲轴方程。 ③

横截面的角位移,称为转角,并用 θ 表示。由于弯曲时横截面仍保持平面并与变弯后的梁轴正交,因此,任一横截面的转角 θ,也等于挠曲轴在该截面处的切线与坐标轴 x 的夹角 θ'(图 7-1),即

$$\theta = \theta'$$

在工程实际中,转角 θ 与夹角 θ' 一般均很小,例如,不超过 1°或 0.017 5 rad,于是由上式得 ④

$$\theta \approx \tan\theta = \frac{\mathrm{d}w}{\mathrm{d}x} \tag{7-1}$$

即横截面的转角等于挠曲轴在该截面处的斜率。可见,在忽略剪力影响的情况下,转角与挠度相互关联。

图 7.1　材料力学教材中弯曲变形的引言截图[3]

假设推广至横力弯曲,此为标注④论述的基础;

②"因此,梁的位移可以用横截面形心的线位移与截面的角位移表示。"——对

于变形表征问题该结论也是其中一环,即三维物体的变形可以使用一条曲线上各点
(横截面形心)的线位移＋角位移表征,对于单方向对称弯曲,线位移有两个方向(横
向＋轴向),角位移一个方向。

标注③的段落中:

① "梁弯曲时,由于梁轴的长度保持不变,因此,截面形心沿梁轴方位也存在位
移,但在小变形的条件下,挠曲轴是一条很平坦的曲线,截面形心的轴向位移远小于
其横向位移,因而可以忽略不计。"——这段解释了为什么可以忽略轴线各点的轴向
位移,其作为弯曲变形表征的作用是把标注②中轴线点两个方向线位移减少到一个
方向,即垂直于轴线方向的位移,也就是挠度;

② "所以,式(a)也代表挠曲轴的解析表达式,称为挠曲轴方程。"——这是一个
定义,说明挠曲轴方程的来历。

标注④的段落中:

① "横截面的角位移……由于弯曲时横截面仍保持平面并与变弯后的梁轴正
交…… $\theta=\theta'$ "——这一段表述利用平面假设获得角位移几何关系,该性质是后续结
论的基础;

② "在工程实际中,转角 θ 与夹角 θ' 一般均很小……即横截面的转角等于挠曲轴
在该截面处的斜率。可见,在忽略剪力影响的情况下,转角与挠度相互关联。"——这是
利用角度代替正切获得的结论,最后的一句话是变形表征问题的一个环节,"转角与挠
度相互关联"表示标注②中的角位移可以使用垂直于轴线的线位移表示,又减少了一
个参量。

以弯曲变形表征的思路,可以按照逻辑关系重新整理,其表述顺序应该是②→④→
①→③,简洁表述为:

➢ ②:三维物体弯曲形变⇒一条曲线＋平面转角可表征←平面假设推广
➢ ④:一条曲线＋平面转角可表征⇒一条曲线可表征←转角关联挠度
➢ ①:一条曲线可表征⇒平面曲线可表征(两个方向位移)←对称弯曲性质
➢ ③:平面曲线可表征(两个方向位移)⇒平面曲线可表征(一个方向位移)←小
变形条件下简化

中心思想:使用形心轴垂直位移(挠度)可以表征三维梁的弯曲位移(变形),如果
梁轴线方向为 x 轴,即

$$\left.\begin{array}{l} u(x,y,z) \\ v(x,y,z) \\ w(x,y,z) \end{array}\right\} \Rightarrow w(x,0,0) \tag{7.5}$$

以上的文字叙述也可以使用数学推导表述,由于上述文字模式为正向方式,下面
使用逆向方式,即基于 $w(x,0,0)$ 推导 u,v,w 的表达。

图 7.2 是弯曲梁结构与坐标系示意图(为了显示清晰,图中梁的长度方向尺寸绘
制较短),在图 7.2 所示坐标系下, $w(x,0,0)$ 为梁轴 O_1O_2 各点 z 向平动位移。

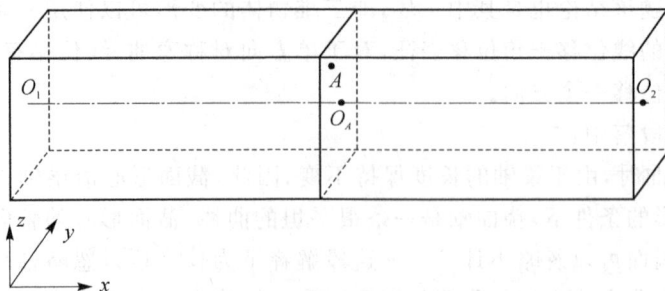

图 7.2 弯曲梁结构与坐标系示意图

① 首先,在小变形条件下,梁内任意一点 A 的 z 向位移 w_A 与同一横截面形心点 O_A 的 z 向位移 w_{O_A} 近似相等,其原因在于——尽管 w_A 与 w_{O_A} 有差异,但在弯曲变形中同一截面的挠度差异远小于轴线点的挠度,即 $|w_{O_A}| \gg |w_{O_A} - w_A|$,由此可获得 $w(x,y,z) \approx w(x,0,0)$。另外,即使需要考虑这种差异,使用下面提及的绕 y 轴刚体转动与泊松效应,可以给出相对位移 $w_{O_A} - w_A$,获得横向挠度更为精准的表征。

② 其次,根据上述标注③中的结论,$u(x,0,0) \approx 0$ 即轴线各点的轴向位移近似为零。对于任一横截面,除轴线各点所在中性轴位置外,其余各点的 x 向位移 $u(x,y,z)$ 可以基于横截面的转角 θ 获得(见图 7.3),而 θ 与挠曲轴方程有关,即 $\theta = \mathrm{d}w/\mathrm{d}x$。所以可以由 $w(x,0,0) \Rightarrow u(x,y,z)$,同时获得轴向正应变 $\varepsilon_x(x,y,z)$。另外,由于横截面绕 y 轴转动造成 z 向有刚体位移,该刚体位移相对轴线点的 $w(x,0,0)$ 也是小量,如果需要更为精准的 $w(x,y,z)$ 可以计入该效果,此为 $w_{O_A} - w_A$ 的一部分。

③ 最后,由 $\varepsilon_x(x,y,z)$ 与各点坐标位置,根据泊松效应可获得 y 向位移 $v(x,y,z)$ 与 z 向相对轴线点的位移 $\Delta w(x,y,z)$,即上述的 $w_{O_A} - w_A$ 的另一部分。

综上,可以看到

$$w(x,0,0) \Rightarrow \begin{cases} u(x,y,z) \\ v(x,y,z) \\ w(x,y,z) \end{cases} \tag{7.6}$$

这是按照逆向模式,即基于 $w(x,0,0)$ 推导 u,v,w 表达式的逻辑过程。

以上使用正向与逆向模式展示了梁内任意点各方向位移与轴线点横向位移(挠度)的关系,表明使用梁轴的挠度 w(式(7.3))表征三维梁结构的弯曲位移(变形)是完备的,前提是小变形假设与弯曲平面假设。之所以使用轴线点挠度表征三维梁结构的弯曲变形,是因为这是一种极简表达模式,即使用最少的参量表征弯曲变形的主要特征。

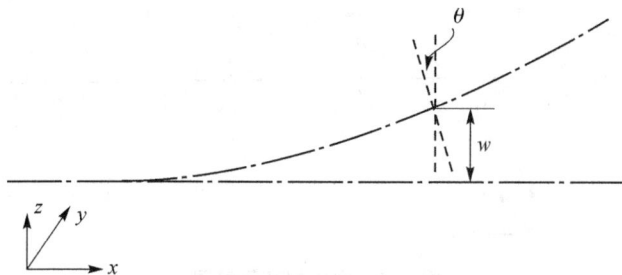

图 7.3　梁轴线弯曲变形示意图

7.2.2　拉压模式的变形表征

以上述弯曲梁变形表征的思路为基础,拉压模式的变形表征非常简单。借用图 7.2,Δl 的表达(式(7.1))实际上就是杆件轴线不同点 $u(x,0,0)$ 的相对值,以此为出发点说明 $u(x,0,0) \Rightarrow \{u,v,w\}$。

首先,根据拉压杆的平面假设,横截面各点的轴向位移相同,即 $u(x,y,z) = u(x,0,0)$,同时获得轴向正应变 $\varepsilon_x(x,0,0)$ 或 $\varepsilon_x(x,y,z)$;

其次,由泊松效应可得横向正应变 $\varepsilon_y(x,y,z)$ 与 $\varepsilon_z(x,y,z)$,结合各点位置坐标,获得 $v(x,y,z)$ 与 $w(x,y,z)$。综上

$$u(x,0,0) \Rightarrow \begin{cases} u(x,y,z) \\ v(x,y,z) \\ w(x,y,z) \end{cases} \tag{7.7}$$

7.2.3　圆轴扭转模式的变形表征

为了便于说明圆轴扭转模式的变形表征,使用图 7.4 中的柱坐标系,圆轴扭转变形公式中的 φ 就是圆轴轴线各点绕 z 轴的转动位移,记为 $\varphi(0,0,z)$(为了遵守常规柱坐标系习惯,此处轴向使用了 z 向,如果依照材料力学习惯应记为 x 方向,但使用 x 标注轴向常用 $\varphi(x,0,0)$,这与柱坐标表示习惯不符容易引发误解),图中 A 点代表圆轴内任意一点。

首先,根据圆轴扭转的平面假设,轴向无变形,径向无变形,所以 $u_z(r,\theta,z) = 0$,$u_r(r,\theta,z) = 0$;

其次,仍然依据平面假设,横截面内刚性转动,所以 $u_\theta(r,\theta,z) = r\varphi(0,0,z)$。综上

$$\varphi(0,0,z) \Rightarrow \begin{cases} u_r(r,\theta,z) \\ u_\theta(r,\theta,z) \\ u_z(r,\theta,z) \end{cases} \tag{7.8}$$

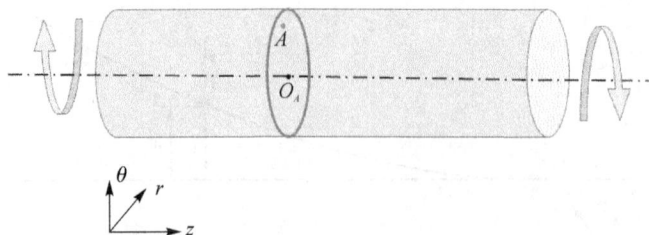

图 7.4 圆轴扭转示意图

7.3 小结与建议

以上论述表明:无论拉压、圆轴扭转还是弯曲,教科书中列出的变形公式均为杆件轴线上的点沿某一方向的位移(变形),使用该位移(变形)可完整表达结构内部任意一点任意方向的位移,这就是变形的"表征"问题。其共同的特点是在合理简化下,采取最少的参数完整表征变形,所以我们称为极简参数模式。

事实上,对于复杂的工程实际问题,建立物理模型和对应的数学表达是非常重要的工作。一般而言,工程问题可能涉及众多影响因素,控制方程属于多参量模式,如何简化方程或表达式以便获得清晰明确的因果关系对于问题的解决非常关键。

在该领域中常常采用以下两种方式简化分析过程:

① 量纲分析方法,根据物理量所必须具有的形式来分析判断事物间数量关系所遵循的一般规律。通过量纲分析可以检查反映物理现象规律的方程在计量方面是否正确,甚至可提供寻找物理现象某些规律的线索,该方法对于确定规律性表征和选取敏感性分析参数非常重要;

② 简化假设方法,利用问题的特点(包括假设条件与量级估计),忽略某些参量,或者使用部分参量表征其他参量,获得"极简"参数表达,这是本章内容希望阐述的"表征"问题。该方法不仅在材料力学中多次出现,还是一种常见的研究问题的通用方式。

另外,进行三种基本变形的量级比较,对于已经完成拉压、扭转和弯曲三种变形学习的学生是有益的:一方面,对比分析是加深理解、构建知识体系的经典方法;另一方面,该部分的对比分析对于理解各类传感器、柔性器件与超材料结构的原理和设计有极大帮助,本书第 13 章将涉及该方面的讨论,此处不再赘述。

本章涉及学生能力培养体系的指标点如表 7.1 所列。

表 7.1　本章涉及学生能力培养体系的指标点

能　力	对应指标点
1 工程推理和解决问题的能力	1.1 发现问题和系统地表述问题 1.2 建模 1.3 估计与定性分析 1.5 解决方法与建议
2 实验和发现知识	2.1 建立假设 2.4 假设检验与答辩
3 系统思维	3.2 系统的显现和相互作用 3.3 确定主次与重点 3.4 解决问题时的妥协、判断与平衡
4 个人能力和态度	4.4 批判性思维

第8章 材料力学中梁变形分析方法的关联

杆件变形涉及刚度和稳定性问题,弯曲梁的变形问题作为其中典型代表在材料力学教学内容中占据较大比例。弯曲梁变形的求解不仅方法众多而且分布于教材的多个章节,本章讨论各类求解弯曲梁变形方法的异同,意在辅助学生建立相关问题的知识"框架"、加深概念理解并开展思辨训练。

8.1 目的与意义

在结构安全性评估的强度、刚度与稳定性指标中,除刚度与变形直接关联外,稳定性也与变形间接相关,甚至拉压、扭转与弯曲三类问题的界定也主要基于变形模式,由此奠定变形分析在材料力学课程体系中的地位。

在杆件拉压、扭转与弯曲问题中均涉及杆件变形分析,其中弯曲梁的变形分析相对复杂且分析方法众多,本章以梁的弯曲变形问题为例探讨各类求解变形方法的异同,讨论的结论可直接扩展至拉压与扭转问题。

在常见的材料力学教材中,涉及梁变形分析的计算方法包括:积分法[1-3,5]、叠加法[1-3,5]、奇异函数法[1,3]、初参数方程[1,5]、功能原理[1-3,5]、卡氏第二定理[1-3,5]、单位载荷法[1-3,5]、图形互乘法[2,3,5]、有限差分法[2]、矩阵位移法[2,3]等,针对同一问题但散布于不同章节的分析方法,在完成讲解后进行比较进而关联,可以帮助学生加深理解并构筑知识结构"框架"。

尽管有不同的分类模式,但考虑到学习顺序与教学内容的普适性,本章基于积分法与能量法作为大类,主要讨论教学内容中的基本概念与方法间的相互关系。有限差分法与矩阵位移法多用于复杂结构或分析状态的程式化过程,所以在本章中不作为讨论对象。

8.2 积分法类型的关联

这里将积分法、叠加法、奇异函数法、初参数方程归于积分法类型,其中积分法是该类方法的基础。

8.2.1 积分法

积分法是求解弯曲梁变形最基本的方法,按照材料力学教学内容的编排,熟知的挠曲轴近似微分方程来源于纯弯条件下梁横截面正应力分析中弯矩的平衡方程,而

后忽略剪力对梁变形的影响并基于小变形条件获得

$$\frac{\mathrm{d}^2 w}{\mathrm{d}x^2} = \frac{M(x)}{EI}$$ (8.1)

式中各参数采用经典符号,此处不再赘述。积分法就是将上述方程积分两次,即

$$\theta = \frac{\mathrm{d}w}{\mathrm{d}x} = \int \frac{M(x)}{EI}\mathrm{d}x + C$$ (8.2)

$$w = \iint \frac{M(x)}{EI}\mathrm{d}x\,\mathrm{d}x + Cx + D$$ (8.3)

其中的积分常数 C 与 D 由边界条件与连续条件确定。观察式(8.1)~式(8.3)可以看出:

① 积分法给出梁轴各点变形(相对位移)的函数表达式(挠曲轴方程),属于全局性的表征;

② 积分法的形式归于不定积分求原函数集合,求解积分常数是从函数集合中确定原函数(更多细节讨论见本章后续的 8.4 节)。

8.2.2　奇异函数法

利用奇异函数或麦考利函数的非连续性表征分段弯矩的不同形式,在材料力学中称为奇异函数法。该方法可以给出弯矩的统一表达式,避免复杂载荷引入多个积分方程。挠度表达式中仅出现两个积分常数,确定积分常数无需各段边界的连续条件(或者表述为挠度表达式已包含连续条件),其具体过程参见单辉祖教授主编的材料力学教材[3]。

在数学中,奇异函数法的本质是一种积分技巧,对于需要分段求解的问题,采用整体坐标系,这种积分技巧表述为:对于显含坐标 x 的各项采用"整体积分"时,根据连续条件可证明各段积分方程中的 C_i 与 D_i 恒等,所以只有两个积分常数需要确定。为了说明"整体积分"的含义,此处给出一个教科书中的实例[1,3],图 8.1 所示为简支梁内部承受集中载荷 F,各段方程为

AC 段($0 \leqslant x_1 \leqslant a$):

$$\frac{\mathrm{d}^2 w_1}{\mathrm{d}x_1^2} = \frac{Fb}{EIl}x_1$$ (8.4)

$$\frac{\mathrm{d}w_1}{\mathrm{d}x_1} = \frac{Fb}{2EIl}x_1^2 + C_1$$ (8.5)

$$w_1 = \frac{Fb}{6EIl}x_1^3 + C_1 x_1 + D_1$$ (8.6)

CB 段($a \leqslant x_2 \leqslant l$):

$$\frac{\mathrm{d}^2 w_2}{\mathrm{d}x_2^2} = \frac{Fb}{EIl}x_2 - \frac{F}{EI}(x_2 - a)$$ (8.7)

$$\frac{\mathrm{d}w_2}{\mathrm{d}x_2} = \frac{Fb}{2EIl}x_2^2 - \frac{F}{2EI}(x_2 - a)^2 + C_2 \tag{8.8}$$

$$w_2 = \frac{Fb}{6EIl}x_2^3 - \frac{F}{6EI}(x_2 - a)^3 + C_2 x_2 + D_2 \tag{8.9}$$

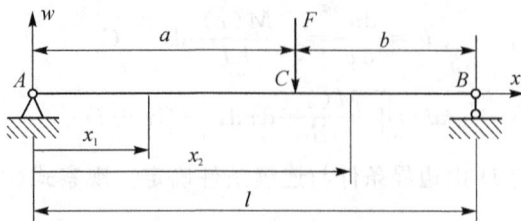

图 8.1　简支梁承受集中载荷

需要特别注意：式(8.7)～式(8.8)的积分中，$\dfrac{F}{EI}(x_2 - a)$ 作为整体积分而不是

展开为 $\dfrac{F}{EI}x_2$ 与 $\dfrac{F}{EI}a$ 分别积分。按照这种"整体积分"模式，利用 C 点连续条件，当

$x_1 = x_2 = a$ 时，$w_1 = w_2$，$\dfrac{\mathrm{d}w_1}{\mathrm{d}x_1} = \dfrac{\mathrm{d}w_2}{\mathrm{d}x_2}$，对比式(8.5)与式(8.8)，以及式(8.6)与

式(8.9)，显然

$$C_1 \equiv C_2, \quad D_1 \equiv D_2 \tag{8.10}$$

如果展开 $\dfrac{F}{EI}(x_2 - a)$ 进行积分运算，尽管该例题非常简单，但积分常数的求解过程

仍比较繁杂。

无论载荷状态还是分段数目，这一结论是普适的，该积分技巧表征为连续条件转化为各段积分常数相同的结果，即各段积分方程中的 C_i 与 D_i 恒等，这与奇异函数法完全一致。另外，奇异函数法的程序实现比较简单，适合在各类平台软件上开发教学演示程序，对于教师课堂展示与学生深度练习都很适合。

8.2.3　初参数方程

坐标原点的剪力 F_{S0}、弯矩 M_0、转角 θ_0 与挠度 w_0 称为初参数，与常规积分法基于式(8.1)的二阶微分方程不同，利用四阶方程

$$EI \frac{\mathrm{d}^4 w}{\mathrm{d}x^4} = q(x) \tag{8.11}$$

获得

$$EI\theta = \iiint q(x)\,\mathrm{d}x^3 + \frac{F_{S0}}{2}x^2 + M_0 x + EI\theta_0 \tag{8.12}$$

$$EIw = \iiiint q(x)\,\mathrm{d}x^4 + \frac{F_{S0}}{6}x^3 + \frac{M_0}{2}x^2 + EI\theta_0 x + EIw_0 \tag{8.13}$$

称为挠曲轴初参数方程,该方法特别适合于简支梁与悬臂梁承受全域分布载荷的状态。

与常规积分法相比,采用四阶微分方程尽管与后续力学课程,特别是结构动力学一致性更好,但仅以求解挠曲轴方程为目的,则先微分再积分的方式似乎"多此一举"。但从构建知识框架的角度,该方法不仅回顾了剪力、弯矩与分布载荷之间的关系,更重要的是展示了积分常数的物理含义,这一点对于学生理解积分法,特别是积分常数的物理含义,教学效果显著。

8.2.4　叠加法

与前述三种方法不同,叠加法是利用基本解的组合表征特殊位置的变形——对于线性问题叠加法是普适的并不针对特定位置,只是材料力学中叠加法例题都是针对特殊位置变形的求解。另外,叠加法所利用的基本解并不要求来源于积分法,只是基于教学内容的顺序以及问题的复杂程度(例如对于静不定问题的变形求解甚少采用叠加法),叠加法在材料力学教学中紧随常见静定梁的积分法。

叠加法是弯曲梁变形章节的重点教学内容,也是考查重点,所以学生们对于分解、查表、叠加的解算过程非常熟悉无须赘述,此处重点讨论叠加法两种类型的关联。

以分解载荷为特征的叠加法在所有教材中均涉及,基于式(8.1)的挠曲轴基本方程,等号右端载荷项的分解与变形解的叠加是经典模式;另一种以分解结构变形为特征的方法在不同教材中提法不同,多数以外伸梁形式(或转换形式)作为叠加法例题出现。经典教材中单辉祖[3]明确将其列为一类方法,突出"刚化"模式,采用了"逐段分析求和法"的名称。而后蒋持平等[30,31]讨论了该方法更多细节,并将其名称改为"逐段变形效应叠加法"。作为分解结构强调"刚化"的模式,在名称上"逐段变形"相比"逐段分析"更具体,但"叠加"用于结构不同位置变形量的组合,似乎不如"累加"更准确,因为"叠加"往往特指同一位置不同变形量的组合,所以在本章中称为逐段变形效应累加法。

作为课堂教学讲解,两种方法的相互关联常常使用对比模式进行:如图 8.2 所示载荷状态可以使用逐段变形效应累加法加以分析(见图 8.3),也可以使用载荷叠加法进行分析(见图 8.4)。

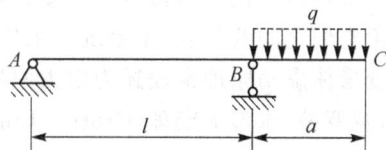

图 8.2　外伸梁承受均布载荷

对比图 8.3(a)与图 8.4(a)(以及图 8.3(b)与图 8.4(b)),二者完全等效——变形段内弯矩相同,"刚化"段等价于梁段内弯矩为零。换言之,逐段变形效应累加法可视为一种特殊的载荷分解法,其独特之处在于分解载荷的构造:每组外载对应的各梁段中仅变形段弯矩不为零,其余各段是弯矩为零的"刚化"梁段。使用图 8.3 与图 8.4 的分解与对比也可用于说明逐段变形效应累加方法的适用范围:逐段变形效应累加方法不能用于静不定状态,其原因也在于变形段的弯矩必须与原始状态一致,在静不定问题中进行逐段刚化将改变约束载荷,从而影响梁内弯矩,在李尧臣[32]的论文中有详细讨论,此处不再赘述。

尽管叠加法看似是求解特殊位置变形的"局部法",但将其与"全局法"的积分法——经典积分法(式(8.3))和初参数方程(式(8.13))对比有助于学生加深对各类方法的理解:积分常数代表前一段右边界(或约束端)转角与挠度的弹性效应,所以也有教材将逐段变形效应称为弹性边界效应。

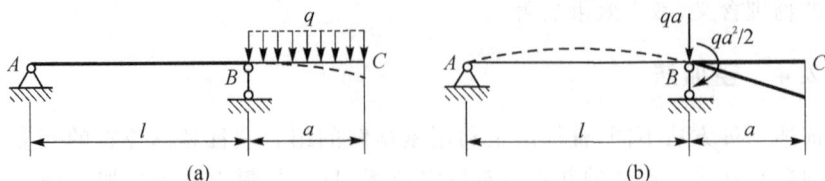

图 8.3 逐段变形效应累加法示意图

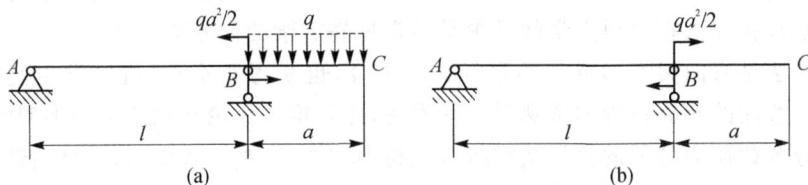

图 8.4 对应载荷叠加法示意图

8.3 能量法类型的关联

尽管在能量法中涉及变形的公式定理众多,但以求解变形为目标的方法主要是功能原理、卡氏第二定理、单位载荷法与图乘法(由于图乘法是单位载荷法的图形化计算模式,所以后续不再提及)。尽管在教材中各方法的导出跟随不同的理论,但为了讨论它们之间的关联,本章统一采用虚功原理对照展示。

变形体虚功原理常表述为虚力原理与虚位移原理两种模式,在材料力学教学内容中,克罗蒂-恩盖塞定理(Crotti - Engesser)、卡氏第二定理(Castigliano)、单位载荷法(Unit - load)的推导基于虚力原理,只是目前经典材料力学教材往往基于虚位移原理导出单位载荷法。与虚位移的多种模式相似,此处给出虚力的几种形式,如图 8.5 所示,其中图 8.5(a)为真实的载荷与相应的真实位移,图 8.5(b)中虚力为某一载荷的增量(图中 δF),图 8.5(c)中虚力的数量为单位值且与真实载荷无关,各图中位移均为真实位移。显然,图 8.5(b)与图 8.5(c)分别对应于求 B 点挠度的卡氏第二定理与单位载荷法,当图 8.5(a)中仅某一载荷例如 $F \neq 0$ 时,对应功能原理求 B 点挠度。

以上方法的对照也可通过其计算公式进行,仍以求解 B 点挠度为例,线弹性条

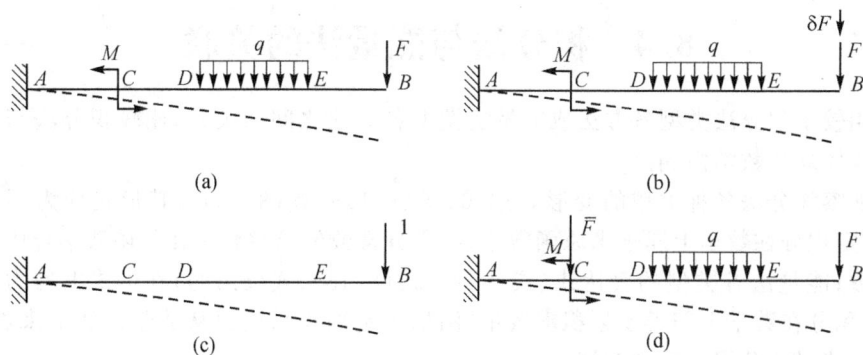

图 8.5　不同虚力模式示意图

件下单位载荷法公式为(为了形式上简洁,以下公式中分段积分限不再细分,写为整体样式)

$$w_B = \int_0^l \frac{M(x)\bar{M}_B(x)}{EI}\mathrm{d}x \tag{8.14}$$

其中 $M(x)$ 与 $\bar{M}_B(x)$ 分别对应于图 8.5(a) 与图 8.5(c)。卡氏第二定理的公式为

$$w_B = \frac{\partial V_\varepsilon}{\partial F} = \int_0^l \frac{M(x)}{EI}\frac{\partial M(x)}{\partial F}\mathrm{d}x \tag{8.15}$$

由于弯矩 $M(x) = M_F + M_M + M_q$,故

$$\frac{\partial M(x)}{\partial F} = \frac{\partial M_F(x)}{\partial F} = \bar{M}_B(x) \tag{8.16}$$

上式说明对于求解 B 点(有相应载荷的位置)位移,单位载荷法与卡氏第二定理的公式完全一致,如需求解 C 点挠度,附加载荷法(见图 8.5(d))的弯矩 $M'(x) = M_F + M_M + M_q + M_{\bar{F}}$,

$$M'(x)\Big|_{\bar{F}=0} = M_F + M_M + M_q = M(x) \tag{8.17}$$

$$\frac{\partial M'(x)}{\partial \bar{F}}\Big|_{\bar{F}=0} = \frac{\partial M_{\bar{F}}(x)}{\partial \bar{F}}\Big|_{\bar{F}=0} = \bar{M}_C(x) \tag{8.18}$$

其中,$\bar{M}_C(x)$ 为单位载荷作用于 C 点的弯矩,由此看出,单位载荷法与卡氏第二定理在线弹性条件下是一致的,如果图 8.5(a) 中仅 $F \neq 0$,功能原理表达式为

$$\frac{1}{2}Fw_B = \int_0^l \frac{M_F^2(x)}{2EI}\mathrm{d}x \tag{8.19}$$

$$\frac{M_F(x)}{F} = \bar{M}_B(x) \tag{8.20}$$

对比式(8.19)与式(8.14)也可说明功能原理与单位载荷法的关系。

8.4　积分法与能量法的关联

相较于积分法类型各方法或能量法类型各方法之间的关系,比较积分法与能量法更能体现其数学内涵。

观察积分法各种类型的变形表达式(式(8.1)～式(8.13)),其形式均为不定积分,不定积分在数学上属于求原函数集合,积分常数的求解属在原函数集合中确定原函数;能量法各类型的表达式(式(8.1)、式(8.15)、式(8.19))在形式上均为定积分,定积分在数学上归类于累积求数量(例如确定面积),所以从数学内涵上来看,积分法与能量法分属不同的领域。

尽管不定积分与定积分的数学内涵不同,但此处物理意义的一致(均为挠度或转角)表明积分法与能量法存在某种关联。对于不定积分与定积分,在数学上可以通过熟知的牛顿-莱布尼兹公式(Newton – Leibniz)关联

$$\int_a^b f(x)\,\mathrm{d}x = F(a) - F(b) = F(x)\,\Big|_a^b \tag{8.21}$$

其中 $F(x)$ 为 $f(x)$ 的原函数。针对本章讨论的问题,积分法获得的原函数在不同点的差值就是相对变形——往往是特定点相对约束点的位移,而原函数通过不定积分获得。方程等号左端定积分的被积函数 $f(x)$ 是 $F(x)$ 的导函数,例如若 $F(x)$ 为转角与挠度函数,则 $f(x)$ 分别是曲率与转角函数,该定积分的物理意义与能量法中对应量不同——前者为变形量的累积,后者为能量的累积,所以利用牛顿-莱布尼兹公式将积分法的不定积分直接转化为能量法的定积分不合理。尽管如此,该表达式可以表征同一大类中不同方法之间的关系,例如重新审视积分法类型中的两类叠加法:载荷叠加法尽管常用于求解特殊点的变形,但其本质上是解函数的叠加并不局限于仅在特殊点成立,所以在数学上还是将求原函数归于不定积分;逐段变形效应累加法本质上是变形效果的积累,更倾向于定积分的内涵,只是其表达式中使用特殊点的变形量(在教材中属于不定积分的结果)进行组合,得到待求的转角或挠度。

除此之外,牛顿-莱布尼兹公式还有变积分限模式

$$\int f(x)\,\mathrm{d}x = \int_a^x f(t)\,\mathrm{d}t + C \tag{8.22}$$

受此启发,可以尝试将能量法对应的“数量”转化为函数,例如对于图 8.6(a)求任意点挠度,设单位载荷状态为图 8.6(b),利用单位载荷法公式并注意到单位载荷右侧的 $\overline{M}(x)$ 为零,所以

$$w_{x_1} = \int_0^l \frac{F(l-x)(x_1-x)}{EI}\,\mathrm{d}x = \int_0^{x_1} \frac{F(l-t)(x_1-t)}{EI}\,\mathrm{d}t = \frac{Fx_1^2}{6EI}(3l-x_1) \tag{8.23}$$

其与积分法得到的挠曲轴方程完全一致,该模式将定积分的数量通过变上限转为求解原函数。

为了积分表达式的简洁性,此处使用了图 8.6 所示简单实例,但这种变位置单位

载荷方法是通用的,可以将确定数量的能量法模式转化为确定原函数,获得积分法模式相同的结果。

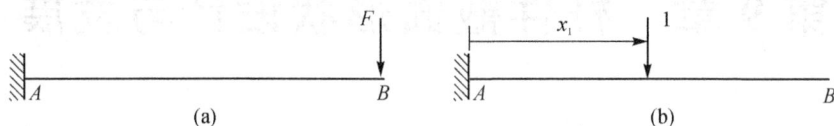

图 8.6　变位置单位载荷状态示意图

8.5　小结与建议

弯曲梁的变形问题在材料力学教学内容中占有重要地位,且两类方法——积分法与能量法在讲述顺序上间隔较大,所以在全面完成相关教学内容后进行对比总结是有益的,总体而言其差异在于:

① 积分法基于挠曲轴近似微分方程,以不定积分的形式求解原函数,被积分量为变形函数;

② 能量法基于各类能量积分方程,以定积分的形式求解特定位置变形的数量,被积分量为能量(弹性势能)。

针对同一问题讨论不同解决方案的异同,对于培养学生的思辨能力非常有效,特别是大学课程知识点繁多,建立知识结构"框架"不仅可以加深学生对于知识点的理解,也是训练学生高阶思维模式的"载体"。

本章所涉及的内容与公式均在教材中出现,相关推导在数学上难度不高,对于大部分的学生可以开展这种对比与分析,所以对于本章内容的建议:在完成能量法的学习后以大作业的形式布置,要求学生比较两种类型各方法的异同,挑选几组学生讲解并展开讨论。

本章涉及学生能力培养体系的指标点如表 8.1 所列。

表 8.1　本章涉及学生能力培养体系的指标点

能　　力	对应指标点
1 工程推理和解决问题的能力	1.1 发现问题和系统地表述问题 1.5 解决方法和建议
2 实验和发现知识	2.2 查询印刷资料和电子文献 2.4 假设检验与答辩
3 系统思维	3.1 全方位思维 3.2 系统的显现和交互作用
4 个人能力和态度	4.3 创造性思维 4.4 批判性思维

第9章　杆件截面形状设计与发展

杆件截面的形状设计是杆件合理设计的重要组成部分,也是材料力学的常规讲授内容,甚至在绪论部分介绍材料力学发展历史中也会谈及中外古代对于该方面的经验总结。尽管其基本原理比较简单,但涉及工程实际问题时需要考虑的因素并不单一,在多种因素影响下考虑如何平衡与协调是解决复杂系统工程问题的基本出发点。本章以典型杆件弯曲变形强度问题为例,展示考虑不同因素对设计结果与设计发展方向的影响,可作为培养学生系统性思维的研讨内容。

9.1　目的与意义

在材料力学教材中,杆件的合理设计出现在扭转与弯曲变形章节(包括稳定性章节)的最后部分,涉及材料属性、载荷分布、约束施加、截面设计等内容,在强度与刚度方面均有提及,其设计标准分别基于截面应力公式(强度合理设计)与变形量公式(刚度合理设计)。如果仅仅根据应力公式或变形量公式解算题目,对于学生而言属于简单任务。

事实上,设计类型的工作一定与工程实际密切相关,而工程实际问题涉及的因素往往并不单一,认知这种复杂性并学会在多种影响因素下进行判断、平衡与协调,对于工程设计专业学生的能力培养至关重要。

本章内容以杆件强度合理设计中截面设计为例,基于截面应力分布,考虑稳定性限制、约束条件、材料来源、生产功效等多种因素,引导学生理解其中的设计思路与方法。

9.2　截面合理设计的基础内容

杆件截面形状合理设计是杆件合理设计的组成部分,常常分为强度与刚度的合理设计,二者涉及的内容基本相似。本章以强度设计为例展开讨论,以变形量为基础的刚度部分可作为课后练习进行补充。

所谓截面形状合理设计,就是在保证结构安全性的前提条件下,研究如何减少结构质量提高材料利用率;或者在同样的结构质量下,研究如何设计截面形状使结构承受更大的外部载荷。这种目标其实就是材料力学的任务,在材料力学绪论部分曾提到,材料力学的任务是解决经济性和安全性的矛盾。在一些特殊的工程领域,例如航空航天领域有一句俗语"为减轻每一克重量而奋斗",这是为解决经济性和安全性矛盾而提出的极高设计要求。

在强度、刚度和稳定性问题中都涉及截面的合理设计,强度的截面合理设计以应力分布为基础,式(9.1)～式(9.3)给出的杆件横截面应力分布公式与应力最大值,以及教科书中给出的截面应力分布图均为同学们熟知的内容。可以发现,除了拉压杆以外,无论对于扭转圆轴还是弯曲梁,其应力最大值均位于截面的边界。所以,对于圆轴而言,横截面设计成实心的截面必定不合适,空心的截面设计比实心的好;同样对于弯曲矩形梁而言,高度大于宽度的截面一定优于正方形截面。

拉压:
$$\sigma = \frac{F_N}{A}, \quad \sigma_{max} = \frac{F_N}{A} \tag{9.1}$$

圆轴扭转:
$$\tau = \frac{T}{I_p}\rho, \quad \tau_{max} = \frac{T}{W_p} \tag{9.2}$$

弯曲:
$$\sigma = \frac{M}{I_z}y, \quad \sigma_{max} = \frac{M}{W_z} \tag{9.3}$$

按照前述以强度为目标的截面合理设计要求,如果材料用量一定的情况下(横截面积 A 为常数不变),这种空心圆轴设计或窄高的矩形截面设计是否有最佳参数?即对于圆轴而言,其内外径比例 $\alpha = d/D$,以及对于矩形截面而言,其高宽比 $\beta = h/b$ 是否有最优值?

为了研究此问题,可以把相关参数表征为横截面积和相应系数的组合,然后对该系数求导,对于圆轴扭转,有

$$W_p = \frac{\pi D^3}{16}(1-\alpha^4), \quad \alpha = \frac{d}{D} \tag{9.4}$$

$$W_p = \frac{A}{2}\sqrt{\frac{A}{\pi}}\frac{(1+\alpha^2)}{\sqrt{(1-\alpha^2)}}, \quad A = \frac{\pi D^2}{4}(1-\alpha^2) \tag{9.5}$$

对式(9.5)中 W_p 求导并设定 $\mathrm{d}W_p/\mathrm{d}\alpha = 0$,该式无解,表明 α 并无最优值存在。

同理,对于矩形截面梁弯曲

$$W_z = \frac{bh^2}{6} = \frac{A}{6}h, \quad \beta = \frac{h}{b} \tag{9.6}$$

式中 W_z 与高度 h 呈线性单调增长,表明 β 并无最优值存在,图 9.1 与图 9.2 分别对应上述的结论。

既然均为单调增加,圆轴内外径比例 $d/D \to 1$ 或者矩形截面高宽比 $h/b \to \infty$ 是否可行?图 9.3 出现在材料力学教科书的稳定性部分,展示了当圆轴内外径比例或矩形截面高宽比过大时发生失稳的现象(表面起皱与侧翻),说明这种比值过大是不被容许的。

以上结果表明,对于涉及多个因素的设计需要考虑不同方面的要求,某一方面性能优异并不能保证其他方面没有问题。在工程实际中考虑到不同方面的要求,上述结构的尺寸比例有规定的取值范围,例如对于圆轴扭转的内外径比例为 0.85～

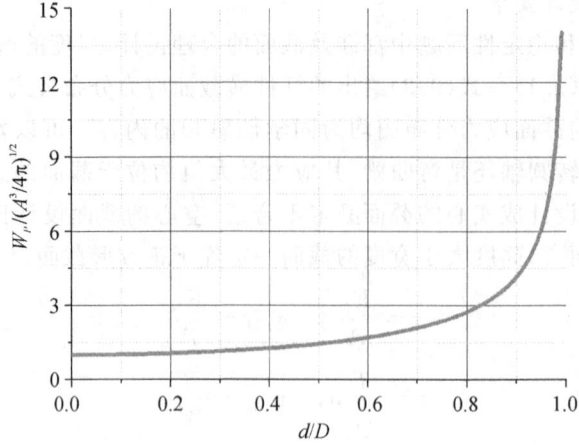

图 9.1 圆轴扭转 W_p 随内外径比例 d/D 的变化(截面面积 A 为常数)

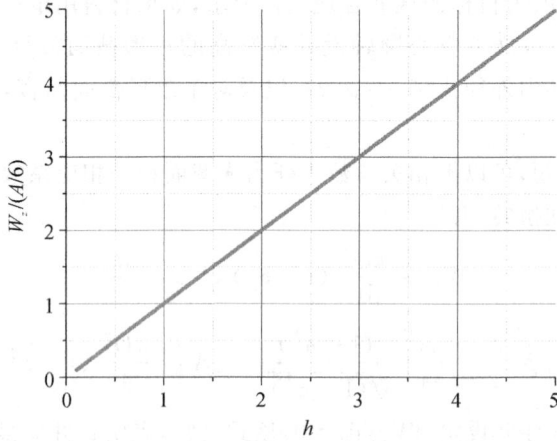

图 9.2 矩形截面弯曲 W_z 随截面高度 h 的变化(截面面积 A 为常数)

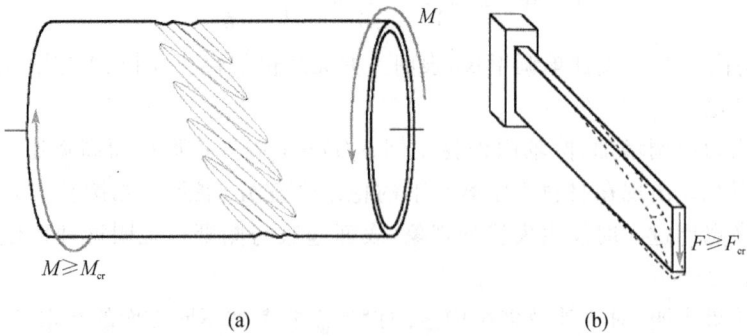

(a)   (b)

图 9.3 薄壁圆筒扭转失稳与薄板弯曲失稳示意图

0.90,对于弯曲梁矩形截面的高宽比例为 2.0～3.5。

上述例证并不特殊,对于涉及多因素的工程实际问题需要全方位的规划,甚至包括与设计相关的其他方面,例如设计的结构以现有的技术水平是否可以制造? 现有的材料是否可用? 制造的效率如何? 如果设计方案不满足实现要求,这个设计一定是失败的。所以解决复杂系统工程问题涉及多种因素,需要有判断、妥协和平衡的思维模式。

9.3　基于材料发展探讨弯曲梁的截面合理设计

以本科工程专业认证的视角来看,上例提及的解决复杂系统工程问题的能力是培养工程类专业学生最为重要的能力指标。为了描述其中更多的细节,这里仍以弯曲梁强度问题的截面设计为例,通过观察材料发展过程中设计方法与模式的变迁,引导学生体会涉及多种因素时处理问题的思路。

此处之所以采用弯曲梁截面设计作为研讨的对象,源于梁构件在总体结构中的重要地位,无论从结构类型还是历史进程来看均是如此。以时间的视角,中国的古文字中"梁"的解构是"从木从水",其含义就是在河流上的小桥。对于承受横向载荷的梁,相比承受纵向载荷的立柱或者隔墙显得更为危险,所以梁的取材更为重要。关于取材的重要性可以引申至选人用人的范畴,例如所谓"栋梁之才"中人才的"才",其实来源于"栋梁之材"中木材的"材"。"栋梁之材"是汉语成语,意为能做房屋大梁的木材,引申的"栋梁之才"比喻能担当国家重任的人才。两种含义均在古文中频繁出现,前者如《庄子·人间世》:"仰而视其细枝,则拳曲而不可为栋梁。"《旧唐书·赵憬传》:"大厦永固,是栋梁榱桷之全也;圣朝致理,亦庶官群吏之能也。"清代梅曾亮《士说》:"求栋梁者必於木,而木不皆栋梁也,其不材者,且不得与萑蒲竹箭比。"后者如《后汉书·陈球传》:"公为国家栋梁,倾危不持,焉用彼相邪?"南朝梁刘勰《文心雕龙·程器》:"摛文必在纬军国,负重必在任栋梁。"唐代杜甫《承沉八丈东美除膳部员外郎》诗:"天路牵骐骥,云台引栋梁。"

其中最具影响力词句出自《三国典略》——庾子嵩目和峤:"森森如千丈之松,虽磊砢有节目,施之大厦,有栋梁之用也。"此为太傅庾敳(字子嵩)称赞和峤(字长舆,官至魏国尚书令)的语句,大意为:和峤像棵茂盛的千丈松树,虽然壮大有枝干交接纠结不顺之处,但用来建造大厦,可做栋梁之材。比喻一些大气的人虽然有小的缺点毛病,但还是可以委以重任。近年来有一本架空历史类型的网络小说《回到明朝当王爷》(作者:月关)在官网上有 5 000 万的点击阅读量,并获得 500 万人的推荐,后改编为同名电视连续剧。该文中明朝弘治皇帝对小说主角杨凌的评价引用了上文,所以此句的古文含义在网络上被频繁搜索。

无论"栋梁之材"还是"栋梁之才",其中的栋梁二字均来源于房屋结构的称谓,中国古典建筑的重要特色是以木为主的木石结构,在建筑结构中"梁"为水平木质构件,而"栋"为脊檩或正梁,即屋顶最高处的水平木梁(图 9.4 中标号 2 为梁,标号 8 为脊檩或栋)。

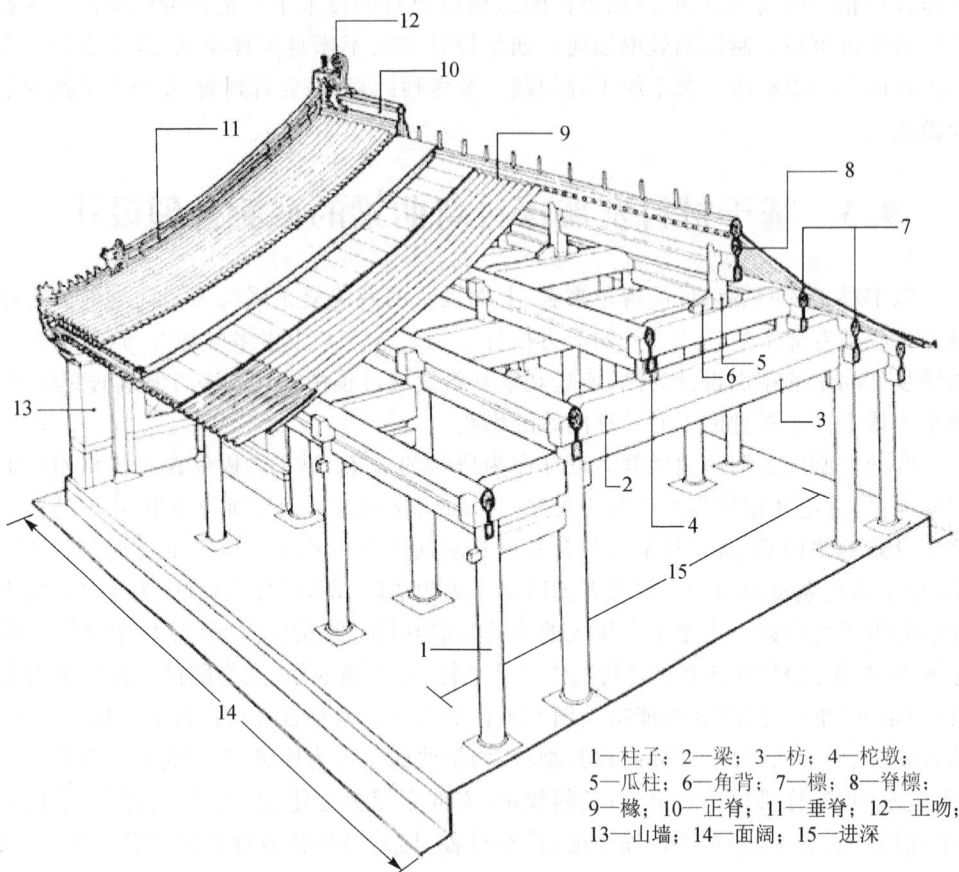

1—柱子；2—梁；3—枋；4—柁墩；
5—瓜柱；6—角背；7—檩；8—脊檩；
9—椽；10—正脊；11—垂脊；12—正吻；
13—山墙；14—面阔；15—进深

图 9.4　中国古代房屋建筑结构件示意图

9.3.1　古代设计制作人员的任务与选择

图 9.4 中所有的梁都由木材制作,原材料来自于自然生长的原木。如图 9.5 所示,现在提供一根自然形态原生的圆形截面木材(以下简称圆木),要求完成截面设计与取材以获得最大的材料利用率,应该如何做？

与 9.2 节中示例的不同之处在于此时增加了一个约束条件 $h^2+b^2=d^2$,设 $\beta=h/b$,则

$$W_z=\frac{bh^2}{6}=\frac{d^3}{6}\frac{\beta^2}{(1+\beta^2)^{\frac{3}{2}}} \tag{9.7}$$

$$\frac{\partial W}{\partial \beta}=0 \Rightarrow \beta=\sqrt{2} \tag{9.8}$$

与之相关的结论在材料力学绪论部分曾经提及,在中国古代技术规范中,宋代李诚《营造法式》卷五——大木作制度中有造梁之制[12]:"凡梁之大小,各随其广分为三分,以二分为厚",按构件安装模式即矩形截面的高宽比为3∶2,营造法式中提及的3∶2与此处的$\sqrt{2}$已经非常接近。按照常见的评价模式,在赞叹古人依靠经验获得比较准确的技术规范的同时,总还有一些没有按照科学理论推导解析解的遗憾。

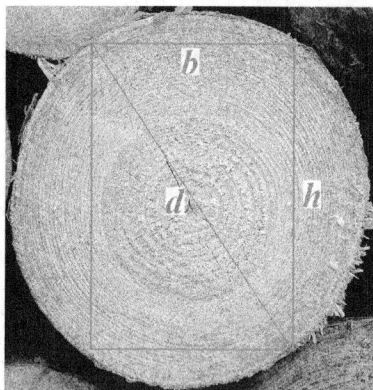

图 9.5　在圆木中截取方料示意图

事实上,从工程设计与制造全过程的角度,仅仅比较设计数据与解析解吻合位数是不够的,至少是不全面的。例如,如何在一个圆中刻画比例为$\sqrt{2}$的矩形?在圆木截面划线时,不同位置的h与b都不同,需要反复测量定标,考虑到古代标尺与刻度的状况,这就更是一件非常困难的工作,此时1.414 213 562的小数位似乎很多余,而3∶2在工艺上看来更加"靠谱"。即便如此,如果考虑到圆木的自然来源,很难想象一个没有数学基础的古代工匠使用尺规在各种尺寸非完美的圆木上反复测量、迭代计算并画出标线,这在工效上是一种极其低效的模式。经过多年的经验总结,古人给出了"标准化"与"模块化"的方式——"凡构屋之制,皆以材为祖",此处之"材"意为标准木材。"材"分成八个等级,用于建造规模大小不等的建筑。"凡屋宇之高深,名物之短长,曲直举折之势,规矩绳墨之宜,皆以所用材之分,以为制度焉[13,14]。"大木中的梁作为基本单元有八个等级(见图9.6),其他组合构件与这八种尺寸的梁相匹配,利用此种模具划线方式解决了工效问题,同时为各类结构件组合提供了统一的标准。

另外值得一提的是精度问题的求索,匠人们有句俗语称为"方五斜七",即边长为五份的正方形其对角线近似为七份(见图9.7),7∶5=1.4更接近$\sqrt{2}$(理论上任意尺寸正方形对角线与边长之比均为$\sqrt{2}$,但是用这种模式取整数便于操作实施),甚至《营造法式》的作者李诚给出了141∶100的数据,将偏差从3∶2的6%降至0.3%,可以看出古代技术人员对加工精度也是精益求精的[15]。除此之外,比例$\sqrt{2}$也称为"白银分割",这是与1.618(或0.618=1/1.618)的"黄金分割"相对应的。清华大学建筑

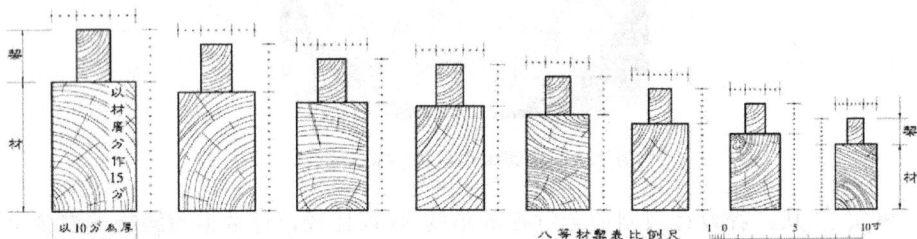

图 9.6　《营造法式》中材分八等示意图[13,14]

学院王南老师关于"营造法式"系列文章中论及中国古代建筑的"密码"就是$\sqrt{2}$的比例[16],是"天圆地方"的思想在建筑上的体现,具体表现为正方形外接圆与内切圆的尺寸比例。西方建筑的"黄金分割"重视外观美,而"白银分割"倾向于工程实用美,且$\sqrt{2}$的比例可不断细分保持比例不变。有趣的是,目前广泛使用的 A 型纸张所有规格也是按照$\sqrt{2}$的比例设置的(见图 9.8),这种模式也是为了在纸张分裁时最大限度地利用材料。

9.3.2　近现代设计人员的任务与方向

回到基本问题,如果制作工效问题得以解决,量测精度也足够,对于弯曲梁的合理强度设计而言,高宽比为$\sqrt{2}$的矩形截面是一种完美设计吗?

根据材料力学基本知识,图 9.9 中矩形横截面上正应力的分布与所在位置的高度成正比。很明显,上下边缘处正应力远大于中性轴附近应力值,换言之,矩形截面中大部分材料并没有发挥应有的作用,所以把材料分布到远离中性轴的位置形成工字形截面,则能使更多材料承受较高应力,从而更好地发挥材料的作用,铁路钢轨(工

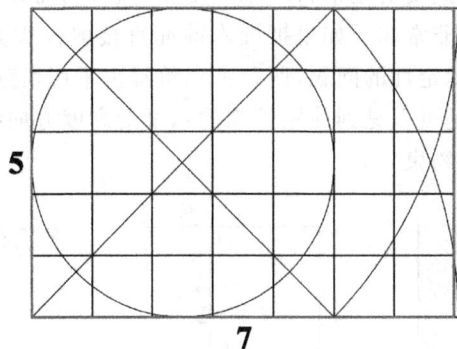

图 9.7 "方五斜七"示意图

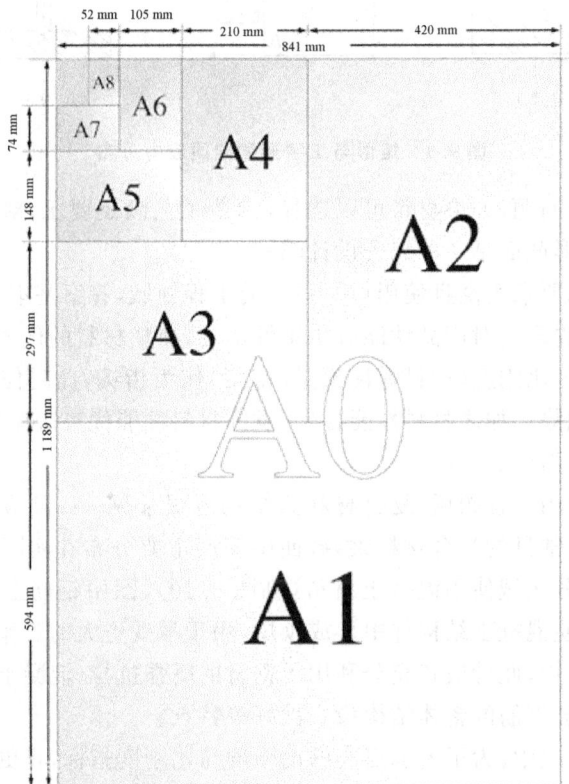

图 9.8　A 型纸张划分与长宽比例均满足$\sqrt{2}$

字形)以及现代各类型材(工字形、T 形、L 形、口形、槽形)均出于此思路,由此可见,矩形并不是梁截面的最佳选择。

　　尽管这是一个科学的结论,但也需考虑组成梁截面材料的性能:金属材料自身强度高,可以通过各种冷/热加工方式形成一体化的截面形状;而木材属于自然生长的植物,只能分割剪裁,更重要的是木材纤维强度相对较低,而纤维间的结合强度更低,承受弯曲切应力的能力非常弱。如果把圆木截面直接剪裁成为工字形,则其腹板容易开裂,甚至带来侧向稳定性的问题,所以古建筑鲜少采用切割大型原木的方式来获取组合梁,在民居中倒是可以见到使用较细的木梁沿高度方向组合的情况(往往也需要在高度方向进行强化约束)。

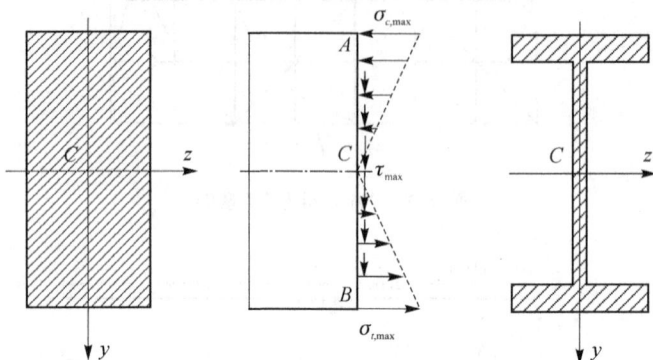

图 9.9　矩形与工字形横截面应力分布

再次回到基本问题,如果材料可以选择,制造工艺满足要求,对于弯曲梁强度合理设计而言,工字形截面是一种完美设计吗?

对于重量指标要求不高且使用单一材料的工程领域,答案基本是肯定的,但在航空航天领域中,结构重量对产品性能有决定性影响,衡量材料的优劣往往使用比强度(材料强度/密度)与比刚度(材料弹性模量/密度)作为指标,此时使用单一金属材料实心结构并不占优势。加之材料性能各异,发挥材料性能优势避免劣势成为趋势,复合材料与结构由此而生。

即使在常规民用工程领域,复合材料梁结构也很常见——预应力钢筋混凝土梁是土木工程领域最常见的复合材料梁,截面中钢筋主要分布在实际受载状态下受拉一侧,其他绝大部分区域使用混凝土材料(见图 9.10),图中钢筋上金属紧固件是为了先把钢筋预拉,使混凝土结构件中形成预压,用于承受更大的工作载荷。相对于使用单一材料的梁结构,此种模式充分利用了钢材的高强抗拉、混凝土的低成本且相对小密度、混凝土包裹钢筋的整体结构稳定性好等特点。

在航空航天工程中,为了追求更高的比强度与比刚度指标,将更轻的碳纤维分布在结构上下边缘承受较大的拉压应力,中间部分利用超轻的铝蜂窝或纸蜂窝降低结构重量,共同组成蜂窝夹心复合材料结构。

尽管在不同的工程领域,典型的抗弯截面设计结果不完全一致,但是利用材料的优势、扬长避短、各司其职,是其共同的设计思路。这种复合材料的设计思路也给工程设计人员提供了广阔的设计空间。

在自然界中竹也是截面设计的"个中高手"(见图 9.11),超大长细比的竹在狂风暴雨中能够安然无恙与其截面"设计"密切相关：除了圆形轴对称截面抵御各个方向载荷；沿轴线方向符合等强度设计；内外径比约 0.85 的薄壁圆环能提供较大抗弯惯性矩；竹节内部横隔板可增加承载面积，同时增加约束提高薄壁竹筒的稳定性；竹筒截面由外到里分布着竹青与竹黄，外层的竹青强度高，而内层的竹黄密度低，它们共同组成了比强度达到钢材 3 倍以上的复合材料结构[17,18]。

图 9.10　预应力钢筋混凝土梁截面实例

图 9.11　毛竹与截面

与竹子相似的植物甚至是动物（例如鸟骨）都具有类似的截面特征，当然这种进化或者生物的"设计"，不仅仅涉及强度单一指标，在养料输送、生长自适应以及损伤自修复方面均有体现。参照自然界经过亿万年的"设计"成果而思考、尝试的模式，也许是未来工程结构设计的主流方向。

9.4　小结与建议

杆件截面形状的强度合理设计是材料力学常规讲授内容，其基础是截面应力公式,以学生的学习习惯,依据基本公式完成习题演算并不困难。但解决实际的工程问题需要面对多种因素或者约束条件,对于涉及多因素影响的工程设计,其期望值往往是全局最优解,而不是某一参数或者某一细节的局部最优解,考虑平衡与协调是解决复杂系统工程问题的基本原则。本章以典型杆件弯曲变形强度问题为例,展示考虑不同影响因素时的设计结果与发展方向,可作为培养学生系统化思维模式的研讨内容。

与本章研讨主题相关的实例非常多,在网上可以找到大量的图片与说明,适合学生自主找寻素材并总结关联,对于开展研讨类型的课程非常适合。另外,与刚度或稳定性相关的截面设计是类似的模式,通过比较强度、刚度、稳定性截面合理设计的异同,有助于学生深入理解相关知识。

本章涉及学生能力培养体系的指标点如表 9.1 所列。

表 9.1 本章涉及学生能力培养体系的指标点

能　　力	对应指标点
1 工程推理和解决问题的能力	1.1 发现问题和系统地表述问题 1.5 解决方法和建议
3 系统思维	3.1 全方位思维 3.2 系统的显现和交互作用 3.4 解决问题时的妥协、判断和平衡
4 个人能力和态度	4.2 执着与变通 4.3 创造性思维

第 10 章　从直梁圆拱到平板曲壳

在材料力学教学内容中，直梁是弯曲变形部分的主要研究对象。对于古典建筑承力结构，由于材料性能的差异采用曲梁结构形式也很常见。本章基于简单梁结构的应力比较，引导学生体会基于对象特征的设计与改进是工程结构外部形貌的内涵。另外，这种基于日常观察的认知与学习模式可以作为现有课堂理论教学的补充，建议开展相关内容的研讨单元锻炼学生分析与解决问题的能力。

10.1　目的与意义

材料力学的主要任务是解决经济性与安全性的矛盾，在教学安排上，针对拉压、扭转与弯曲三种基本变形模式，分别分析杆件的内力、应力与变形是强度和刚度校核或设计的基础。无论以工程实际中构件的数量比例，受力分析的复杂性，还是结构破坏的危险程度作为衡量标准，弯曲梁均最为突出，所以尽管分析流程类似，但弯曲梁的教学内容相比前两种有倍数的增加，甚至在强度与刚度部分中都有关于弯曲梁合理化设计的内容。

弯曲梁教学内容中无论是强度还是刚度的合理化设计（包括后续压杆稳定性的合理化设计），均涉及截面设计、边界约束与载荷分布的变化，但研究的对象均为直梁，即杆件轴线的形式均为直线。当然，这很容易理解，问题的研究总是从简单到复杂，尽管材料力学弯曲梁的内力（后续章节包括应力）部分也涉及曲梁，但较大曲率的曲梁并不是材料力学的主要研究对象。与之类似，二维的板也不是材料力学的主要研究对象，尽管在薄壁杆件的扭转切应力、弯曲切应力以及内压薄壁容器应力分析中也涉及板模型。

一方面，材料力学知识与工程实际密切相关，从日常观察与认知的视角，曲梁与薄板，或者与之类似的曲线与曲面结构及其组合形式在生活中经常出现（图 10.1 所示为国内近年来"网红打卡"建筑，由于其形体巨大、造型独特、建造困难而引起关注），这些建筑中曲梁与薄板（薄壳）出现的次数不会少于直梁，其中的机理值得探讨；另一方面，从掌握知识与学习方法的视角，作为基础内容学习之后的总结，比较直梁与曲梁（平板与曲壳）的差异对于构建知识体系结构也是有益的。

大兴机场外部图   鸟巢外部图

大兴机场内部图   国家大剧院外部图

图 10.1　带有曲线与曲面造型的典型建筑

10.2　中外古典建筑主承力构件特征对比与分析

在人类文明发展进程中,人们从开始建造茅草屋到现在能够建造摩天大厦经历了漫长的发展,在此过程中虽然结构分析技术的发展功不可没,但也不能忽视建筑材料的重要影响。

自然界中木材和石材是最容易获取的天然材料,在整个人类文明几千年发展进程中,由它们构建建筑结构的时间要比现在使用钢材或者钢筋混凝土建造建筑结构的时间长很多。所以此处以石材或者木材构造的简单建筑结构为对象,分析建筑主承力构件的特征。选择简单结构的另一个原因也是为了简化分析模型,以便于获得比较清晰的规律与结论。尽管结构形式有差异,但其中所遵循的基本科学规律类似。

图 10.2 所示为人们在日常生活中经常能看到的,或者旅游拍照时比较感兴趣的一些建筑结构,图中上半部分是西方的古典建筑,下半部分是东方的古典建筑(主要是中国所特有的建筑结构)。

粗略比较东西方古典建筑的图片,容易发现其材料选择上的特点:西方古典建筑结构大部分使用石材构建主体;而东方古典建筑尽管有一个石材的底座,但建筑的主体由木质框架构成。

这种差异有历史文化方面的原因,文化层面比较主流的解释为:西方大型建筑结构主要是为"彼岸"的神修建的,既然为神灵修建,所以追求永恒与宏伟,使用坚固的石材更合适,甚至在建造时间上也并不设限,重要的教堂修建几十年、上百年或者几

古罗马斗兽场

古罗马引水渠

故宫太和殿内部梁架

故宫太和殿外部视图

图 10.2　东西方典型建筑与结构

百年都是有可能的。而东方修建的建筑结构主要为人（包括神像）遮风挡雨，采用木质框架更易满足修建的时效性与生活舒适性的要求，即便大型建筑也需要在短期内完成并且需要周期性翻新。事实上，这种建筑文化的差异也反映在选人用人的称谓上：在中国把有用之人才称为"栋梁之才"，引申自"栋梁之材"；而在西方有另外一个称谓——"柱石之材"。之所以有这种称谓上的差异，在于材料选择不同，主体承力结构中危险部件类型有差异：在西方石材建筑中承力最严重的对象往往是立柱，而在东方木质框架建筑结构中往往是横梁。

　　选用建筑材料的不同造成了建筑结构在形式上的差异，其中非常显著的特征是曲线圆拱与直线横梁的对比。图 10.3 中左侧是西方石材建筑的典型圆拱结构，右侧是东方木材建筑的横梁及组合框架，与图 10.2 中上下部分的对比类似，只是更突出特征细节。

　　为什么有如此明显的差异？通过对比分析直梁与半圆曲梁模型可以探究其中的机理，该部分涉及的弯曲梁内力与应力分析不仅是材料力学的基础性内容，也是同学们熟练掌握的技能。图 10.4 左侧为半圆曲梁，右侧为直梁，均承受横向均布载荷 q，跨度相同为 $2R$，两端均为铰支（此处为了对称性简化，采用两端固定铰模式，在小变形条件下如果不考虑轴线轴向位移时，两端固定铰与一端固定铰一端活动铰的静定模式无差异）。

　　无论是半圆曲梁还是直梁，解算内力并画出对应内力图均不困难。以学生的视

图 10.3　东西方典型结构中圆拱与横梁对比

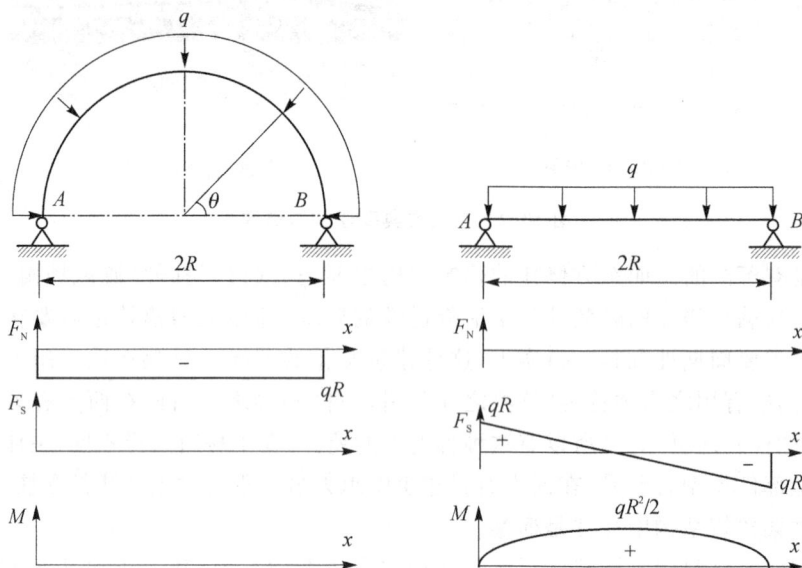

图 10.4　半圆曲梁与直梁在横向均布载荷下的内力分布

角或直观感受,直梁的内力分布并无特殊之处,比较有趣的是半圆曲梁的内力分布——梁内各点弯矩为零,剪力也为零,只有常值的轴向压力。观察结构形式与载荷分布可以理解内力的分布规律:半圆结构与载荷均为轴对称分布,所以内力也是轴对称分布,在铰支的边界上只有竖向的约束力对应梁内轴力不为零,所以曲梁内部各点轴力为常数,弯矩为零。这个模式与材料力学教材中平面圆环绕法向中心轴匀速转动,由离心力引起的内力分布类似,差异仅在于离心力引入的分布载荷背离圆心向外。

　　由此可以给出曲梁与直梁横截面上正应力分布与最大值

$$\sigma^{\mathrm{C}} = \frac{F_{\mathrm{N}}}{A}, \quad |\sigma_{\max}^{\mathrm{C}}| = \frac{qR}{bh} \tag{10.1}$$

$$\sigma^{\mathrm{S}} = \frac{M}{I_z} y, \quad |\sigma_{\max}^{\mathrm{S}}| = 3\frac{qR^2}{bh^2} \tag{10.2}$$

式中上标 C 与 S 分别表示曲梁与直梁,曲梁横截面正应力由轴力产生,均匀分布;直梁横截面正应力由弯矩产生,线性分布。上面列出了当横截面均为高 h 宽 b 的矩形时正应力的最大值(绝对值),由此可以得到直梁与曲梁横截面上正应力的最大值的比值:

$$\left| \frac{\sigma_{\max}^{\mathrm{S}}}{\sigma_{\max}^{\mathrm{C}}} \right| = 3\frac{R}{h} \tag{10.3}$$

尽管不同截面形状获得的正应力最大值之比有差异,但均为跨高比的量级,该比值的量级说明:在曲梁中正应力最大值远小于直梁中正应力最大值。在材料用量上,与仅考虑几何尺寸直观感受的 $V^{\mathrm{S}}/V^{\mathrm{C}} = 2/\pi$ 不同,在满足结构强度的条件下,两种梁构件的体积比为(横截面宽度均为 b)

$$\left. \begin{array}{l} |\sigma_{\max}^{\mathrm{C}}| = \dfrac{qR}{bh_{\mathrm{C}}} \leqslant [\sigma] \\[3mm] |\sigma_{\max}^{\mathrm{S}}| = 3\dfrac{qR^2}{bh_{\mathrm{S}}^2} \leqslant [\sigma] \end{array} \right\} \Rightarrow \frac{V^{\mathrm{S}}}{V^{\mathrm{C}}} = \frac{6R}{\pi h_{\mathrm{S}}} \tag{10.4}$$

式中 h_{C} 与 h_{S} 分别为曲梁与直梁的矩形截面高度。

满足强度条件的体积比(相同材料即为质量比)也是跨高比的量级,加之曲梁截面仅有拉压轴力,应力均匀分布,以强度设计的视角,半圆曲梁模式是一种优美的设计:无论沿轴线方向的内力,还是横向截面上的应力,都是均匀分布的,这种模式极限化利用了材料的性能,这是西方古典建筑大量采用半圆拱结构形式的原因之一,另一个主要因素是充分考虑了石材抗压不抗拉的特性,这种受载模式下半圆拱曲梁截面上均为压应力。

采用半圆拱曲梁是否是唯一的完美结构形式?注意以上的比较中组成两种梁的材料相同,且拉压强度许用值一致。当同时考虑材料的性能,情况会发生怎样的变化?表 10.1 列出了石材与木材的相关性能。

表 10.1　石材与木材的基本力学性能

材　　料	石　　材	木　　材
强度/ MPa	15(拉伸)～150(压缩)	50～150(拉伸),20～90(压缩)
密度/(g·cm^{-3})	2.6～2.8	0.4～0.6
弹性模量/GPa	41.0～55.0	9.8～12.0(顺纹),0.5～1.0(横纹)

由于石材与木材都有多种类型,表 10.1 中只列出了大致范围。相对而言,石材拉伸与压缩强度差异较大,具有典型脆性材料的特征,其弹性模量约为木材的 4～5

倍,其密度为木材的 5～6 倍。总体而言:

① 石材适合承压,变形小,自重大;

② 木材适合承弯,变形大,自重小。

采用石材建造圆拱结构是合适的,因为内部应力均为压应力,且结构变形小,视觉感官上显得坚固;但是结构自重确实大,修建与维修不易。反观木材,由于建筑结构的主要载荷来自于建筑上部结构的屋顶,其自重占据主导地位,木材自重小的特征成为较大的优势,而且木材拉压强度接近,适合作为承受弯曲的结构材料。所以,如果同时考虑材料性能与建造与维护成本时,木质直梁框架也是不错的选择。

当采用木材构建较大建筑时,由于其弹性模量较低,结构变形较大是需要考虑的问题,即使梁结构不发生断裂破坏,较大的弹性变形不仅在视觉感官上显得不坚固,也容易在梁结构搭接部分产生附加载荷导致破坏。如何解决直梁构件的刚度问题,材料力学弯曲梁的刚度合理设计中有相关措施,例如截面设计、约束设置、载荷分布等,其中合理约束设置的效果最为显著。图 10.5 是材料力学教材中展示支座移动效果的示例,两端铰支座向内对称移动跨度的 20%,其最大弯矩减小到原值的 20%;如果向内对称移动 25%,最大挠度减小到原值的 9%。之所以有如此明显的效果,从两端铰支梁承受均布载荷的挠度表达式可以看出规律:

$$w = \frac{5ql^4}{384EI} \tag{10.5}$$

式中挠度与跨度呈 4 次方关系,所以减小跨度的效果非常显著。

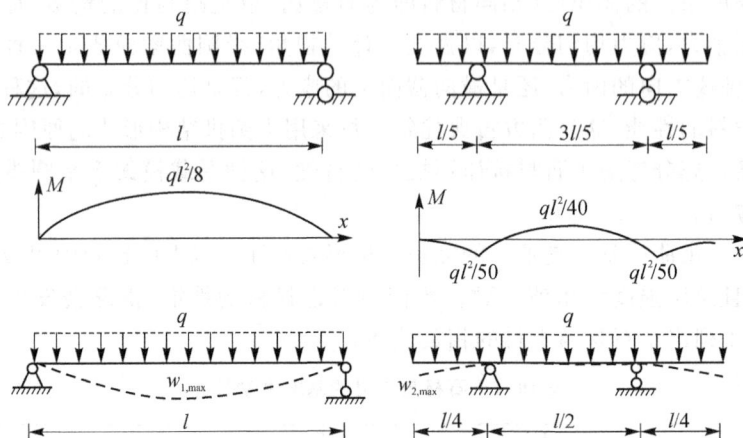

图 10.5　直梁支座位置移动改变弯矩与变形的效果

尽管通过移动支座(减小跨度)改变弯矩和变形的效果非常明显,但是从房屋结构的使用与视觉效果来看,建筑内部过多的支撑立柱显得房屋内部空间拥挤,使用上也不方便。为了解决这个问题,简单的处理方法是在立柱与横梁之间添加斜支撑(见图 10.6 上半部分),减跨的同时也增强整体稳定性,这种模式在民居建筑中甚为常见,目前中国乡村古建筑还保留了大量类似结构。

为了更加美观,中国古典建筑发展了典型构件模式——斗拱结构(见图 10.6 下半部分)。斗拱结构是中国古代建筑特有的一种结构形式,在立柱和横梁交接处,从柱顶上一层层探出弓形的承重结构称为拱,拱与拱之间垫的方形木块就是斗,合称斗拱,也称为枓拱。斗拱的产生和发展有着非常悠久的历史,从两千多年前战国时代采桑猎壶上的建筑花纹图案和汉代保存下来的墓阙与壁画上,都可以看到早期斗拱的图像。中国古典建筑最富有装饰性的特征往往出现在皇宫建筑中,斗拱在唐代发展成熟后便规定民间不得使用。

以材料力学的视角,斗拱结构至少有三个方面的功用:

① 减小跨度,从而降低梁内弯矩,大幅度减小横梁的挠度,原因如上不再赘述;

② 增加立柱与横梁间接触面积,避免由于接触压力过大引起的木质横梁纵向纤维承受横向接触压力发生断裂。木材承受轴向载荷的能力远大于承受横向集中力的能力,所以木质立柱不容易破坏可以长期承载;由于空气中含水分,故横梁与立柱的接触面易生细菌,加之接触压力作用,很容易腐烂破坏,因此,减小立柱与横梁间接触压力对于横梁长期承载非常重要;

③ 增强结构整体的稳定性,抵抗地震引发的结构损毁。榫卯结合的斗拱结构是抗震的关键,这种结构和现代梁柱框架结构有类似之处,但构架的连接节点不是完全刚接,可以避免建筑构件之间或不同方向之间刚度差异与变形协调导致的附加载荷。遇有强烈地震时,采用榫卯结合的空间结构虽会"松动"却不致"散架",间隙与摩擦带来的结构非线性可以减小冲击载荷、耗散振动能量,具有抗震的效果。经历千年的地震"试验",屋顶挑檐采用斗拱形式的中国古建筑与没有斗拱的建筑相比,在同样的地震强度下抗震能力更强,保存更久远,留存至今的山西应县木塔就是明证。

尽管中国的古典房屋建筑以木质框架为主,但桥梁建造中采用石材的居多,其中最具特色的是隋代李春所修建的赵州桥(见图 10.7)。赵州桥是世界上现存年代久远、跨度最大、保存最完整的单孔坦弧敞肩石拱桥,其建造工艺独特,在世界桥梁史上首创"敞肩拱"结构形式,具有较高的科学研究价值。

赵州桥不仅是一座造型优美的桥,而且其结构设计也非常合理。上段提及的"单孔坦弧敞肩"是赵州桥的基本特征,"单孔"容易理解就是单跨,赵州桥的跨度较大,为 37.02 m;而拱高只有 7.23 m,拱高和跨度之比约为 1:5,这就是"坦弧",便于车辆与行人通行;下部主拱上对称分布的 4 个小拱就是"敞肩",可以减轻结构重量,并且增加 16.5% 的排水面积,在洪水季可以减小水流冲击力。

这里有一个问题,相比前面的半圆拱模式,采用圆弧的一部分而不是完整的半圆弧,在同样承受横向均匀分布载荷时,曲梁内的弯矩并不为零(见图 10.8(a)),这就失去了半圆曲梁应力分布特征,如何解决该问题?

如果曲梁轴线不是半圆形,仅是图 10.4 半圆拱的一部分(设圆心角为 2α),此时曲梁内的弯矩将不为零,但可以在两端支持边界点施加外部水平载荷(见图 10.8(b)):

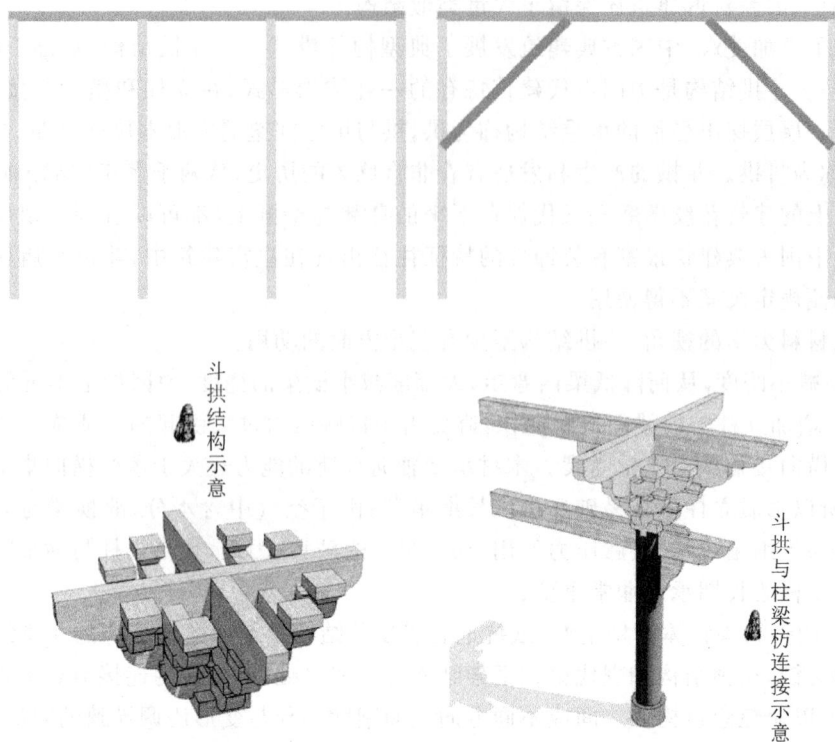

图 10.6　直梁支撑形式与斗拱结构示意图

图 10.7　赵州桥正视图

$$F_x = qR \sin \alpha \cdot \tan \alpha \qquad (10.6)$$

使边界总约束反力沿曲梁轴线方向,所有分析结果就回归到半圆曲梁情况,即曲梁内部弯矩为零。

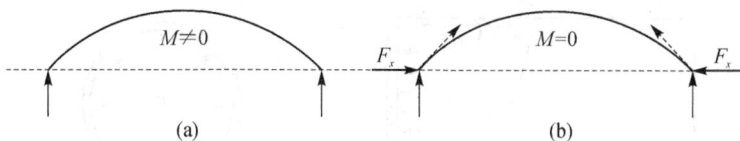

图 10.8　非完整半圆拱的约束施加示意图

10.3　直梁与圆拱的二维延展——平板曲壳

10.2 节的分析基于一维模型,板与壳属于二维模型,板壳可以看作多梁的组合,但需要强调,板壳相对于梁不仅是维度上的扩展,更加重要的是各部分相互之间提供了附加约束支持[24],大大降低了应力与挠度,所以板壳相对于梁而言,在节省材料方面更近完美,这也是薄壳结构在大型工程建筑结构中广泛使用的原因[25]。

材料力学的主要研究对象是杆件,但在复杂应力状态与强度理论部分涉及了二维板壳——内压薄壁圆筒的强度与变形分析,只是通过对称性避免了复杂的理论推导。事实上,该部分的内容与 10.2 节中直梁圆拱的比较有关联,为了展示其中的机理,首先简要列出内压薄壁圆筒的分析模型与结果。

图 10.9 所示的模型与标注均摘自教科书,其含义不再赘述,图中左侧分离体模型获得轴向应力 σ_x,右侧分离体模型获得周向应力 σ_θ,则

$$\sigma_x = \frac{pD}{4\delta}, \quad \sigma_\theta = \frac{pD}{2\delta} \tag{10.7}$$

公式成立的条件为 $\delta \leqslant D/20$。如果是内压薄壁球壳,则 $\sigma_x = \sigma_\theta = \dfrac{pD}{4\delta}$。

对照图 10.10 所示边界铰支的薄球壳与平面薄板,其分别可以看作直梁与半圆拱曲梁绕法向轴旋转的结果,均承受法向压力 p。对于图 10.10(a) 所示的球壳,就是上面提到的内压薄壁球壳,其应力

$$\sigma_\theta^C = \frac{pD}{4\delta} = \frac{pR}{2\delta} \tag{10.8}$$

对于图 10.10(b) 所示的平板,此处不再列出应力推导过程,直接给出弹性力学分析结果,其中面内应力最大值为[7]

$$\sigma_\theta^S = \frac{3(3+\mu)}{8} \frac{pR^2}{\delta^2} \tag{10.9}$$

二者最大应力的比值为

$$\frac{\sigma_\theta^S}{\sigma_\theta^C} = \frac{3(3+\mu)}{4} \frac{R}{\delta} \tag{10.10}$$

这个比值与 10.2 节中直梁与半圆曲梁最大应力比看起来非常类似,实际上该比值非常大,因为薄板或薄壳的厚度相对梁的高度又有量级差异,换言之,承受内压或

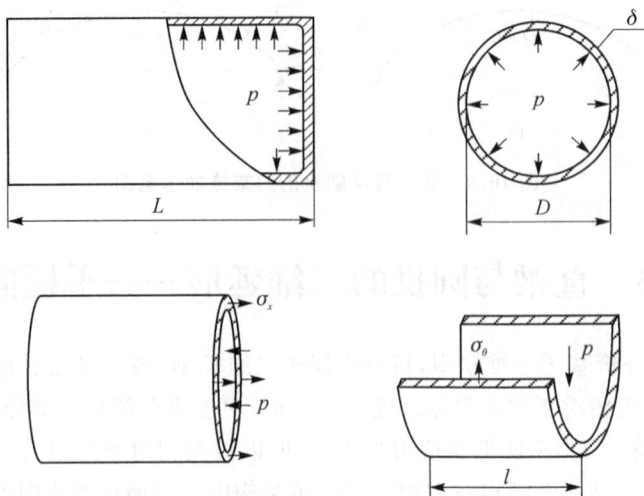

图 10.9　内压薄壁圆筒应力分析示意图

外压的平板,相比薄圆壳,其面内应力非常大,造成的变形也更加显著。图 10.11 所示为针对一个两端底板为平板的薄壁内压容器进行的有限元分析结果,右侧是整体变形图,左侧是局部剖面图,可以看到底部平板的变形效果。

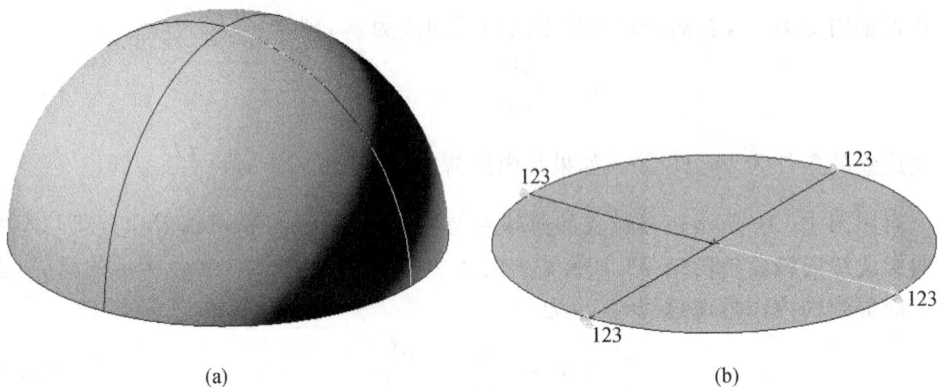

(a)　　　　　　　　　　　　　　　(b)

图 10.10　薄壁圆壳与平板

事实上,工程实际中不太常见底部为平板的薄壁圆筒,除非容器内压力非常小,所以材料力学教材中如图 10.9 所示的平面底板圆筒模型并不是实际情况,只是为了描述方便的简化图形。另外需要说明,以上的对比分析模型是真实承压结构的"简化版",实际问题更为复杂,例如桶身与底板过渡区协调变形造成的应力,容器开口孔洞的局部加强,大变形造成的非线性以及底部内凹的稳定性等问题需要更加详细的分析与设计。

有了以上的对比与讨论,学生对于如图 10.12 所示的压力容器的形状(特别是圆柱容器的底板形状)和建筑物中穹顶造型的机理应该有更为深刻的理解。

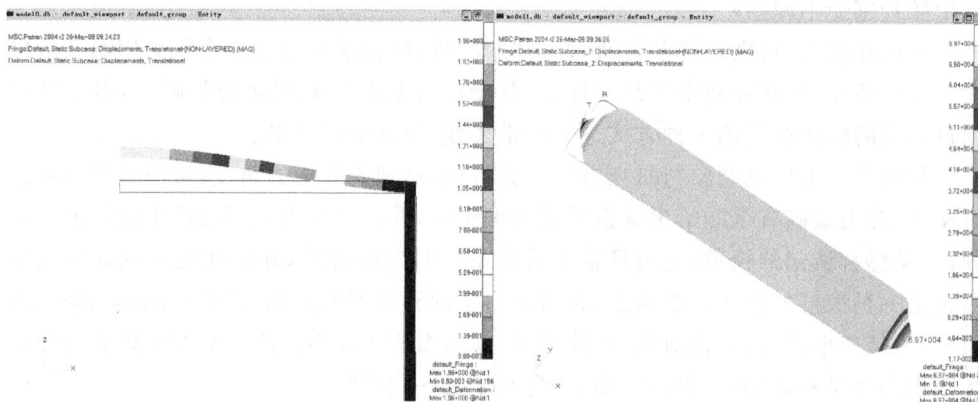

图 10.11　平底板薄壁圆筒受内压变形图

图 10.12　常见内压容器的形状与类似穹顶建筑物

10.4　小结与建议

科学知识的传授与学习,教育教学的方法有两种经典模式:

① 先实践增加感性认知,再总结提升,进而机理解释。这种模式的优势是现象直观,学生感受具体,知识容易被接受,但对于大量知识的传授过程,学生学习效率低,形成知识框架相对不易;

② 先分析讲解理论体系,然后扩展到实际应用。这种模式知识传授的效率更

高,形成的体系结构比较清晰,但学生接受知识的过程相对困难,并且对于形象化的应用场景感受不深刻。

目前在高校,特别是培养科研型人才的高校,绝大部分课程的讲授采用第 2 种模式。我们建议,在课程教学的某些环节,基于已有基本知识框架的基础上,可以使用项目研究的模式按照第 1 种方式进行教学实践,提升学习效果。

材料力学的研究对象与研究方法有其特色,从理论分析的角度,极简模型是最佳对象,以此为基础有可能给出解析形式的理论解,并扩展至类似问题给出定性的一般规律;从感官认知的视角,比较日常生活中不同对象的差异,并以此提炼问题深入学习也是一种很好的模式。事实上,在材料力学课程学习的后期,针对不同类型问题的研究,包括变形模式、结构对象、载荷形式、参数分布的对比,对于深入理解概念与强化知识构架是有益的,甚至在认知上"打开了另一扇窗"。

本章内容涉及材料力学教学内容中多个部分,而且在对象上有扩展的趋势,但其机理分析没有超出基本内容与基本方法——直梁弯曲是材料力学中最基本也是最重要的部分,曲梁部分的内力也属于基本内容,只有弯曲应力属于选讲内容,但均在教科书上能找到相关公式。本章重点关联直梁、曲梁以及对应的应力分布模式,并扩展到日常生活中常见的建筑结构,体会结构设计从直线到曲线、从一维到二维甚至三维的发展,对于学生认知与理解知识框架是有益的。

本章涉及学生能力培养体系的指标点如表 10.2 所列。

表 10.2　本章涉及学生能力培养体系的指标点

能　力	对应指标点
1 工程推理和解决问题的能力	1.1 发现问题和系统地表述问题 1.2 建模 1.3 估计与定性分析
2 实验和发现知识	2.1 建立假设 2.3 实验性的探索
3 系统思维	3.1 全方位思维 3.2 系统的显现和交互作用 3.3 确定主次与重点
4 个人能力和态度	4.3 创造性思维 4.4 批判性思维 4.6 求知欲和终身学习

第 11 章　理解压杆稳定性的内涵

压杆稳定性部分在材料力学教学内容中所占比例较小,但作为稳定性问题的代表,压杆稳定性部分展示了稳定性问题分析方法的特殊性。与强度和刚度问题在拉压、扭转、弯曲各章节中被反复强化不同,稳定性问题独立成章,与前后章节的关联似乎不密切,加之临界载荷的分析基于微分方程解的存在条件,也异于强度和刚度的定解问题,所以学生学习时对其内涵普遍缺乏清晰理解。为了阐述弹性压杆稳定性的内涵,本章从力矩平衡视角展示压杆稳定性问题中各力矩的变化,便于"搭接"学生已有的物理概念;利用刚杆-碟形弹簧模型讨论压杆稳定性的刚柔渐近,揭示两种压杆稳定性模型的关联和弹性压杆稳定性临界载荷的物理意义。

11.1　目的与意义

在材料力学课程体系中,作为结构安全性三大指标之一的稳定性分析,以受压直杆为研究对象,围绕临界载荷的求解展开。经典教学内容中除稳定性现象描述外,还包括刚杆-弹簧系统的稳定性分析,两端铰支细长弹性压杆临界载荷的推导与讨论,两端非铰支细长弹性压杆临界载荷推导与比拟,中、小柔度压杆临界应力,压杆稳定条件与合理设计等。

在多年的教学实践中笔者发现:在所有稳定性教学内容中,在临界载荷公式的应用方面同学们掌握较好,但在解释什么是压杆失稳以及为什么会失稳的问题时往往不能准确描述,这反映出学生在理解压杆稳定性的机理方面有欠缺。究其原因,一方面与强度和刚度分析在拉压、扭转、弯曲各章节被重复强化不同,稳定性分析教学内容较少、重复度不够,所以学生对于概念的理解不充分;另一方面稳定性分析属于特征值问题,其分析方法与强度和刚度所归属的定解问题(响应问题)差异较大。以上的原因造成学生们普遍对压杆稳定性部分有一种"雾里看花"的感觉,因此找寻一种学生们熟知的分析模式或基于已有理论基础的教学方法非常必要。

事实上,除了弹性压杆稳定性的分析过程,学生对于刚杆-弹簧系统稳定性问题,以及为了讲述方便而引入的刚性小球在凹面内(凸面外)稳定性问题(见图 11.1)的认知并无障碍:

① 对于刚性小球的稳定性问题,从力平衡的角度出发,当小球偏离平衡点 A 后,凹曲面内小球所受合力始终指向平衡位置;而凸曲面外小球所受合力始终背离平衡点 B,所以平衡点稳定性的机理一目了然;

② 对于刚杆-弹簧系统轴向受压稳定性问题(见图 11.2),驱动力矩 $F\delta$ 与恢复力矩 $k\delta l$ 的相互关系决定刚杆-弹簧系统直线平衡状态的稳定性,这与刚性小球平衡点稳定性分析一脉相承,均为力(矩)平衡关系的视角,并且这种基于中学或大学物理课程的力(矩)平衡分析模式很容易被学生们接受与掌握。

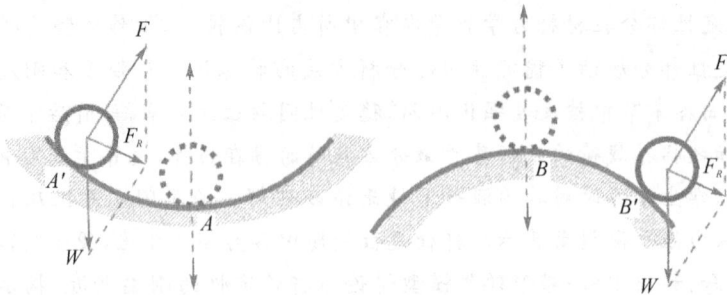

图 11.1　刚性小球凹凸曲面平衡稳定性示意图

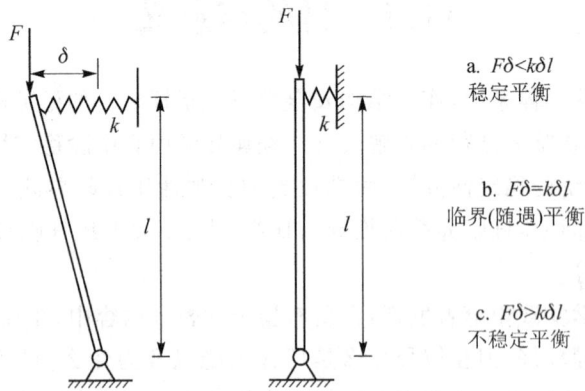

图 11.2　刚杆-弹簧压杆平衡稳定性示意图

在两端铰支细长弹性压杆稳定性分析过程中,利用梁的挠曲轴近似微分方程,代入微弯临界状态下弯矩表达式,通过边界条件与解的存在条件确定临界载荷,此过程中并未明显涉及熟知的力(矩)平衡,而是借用了常微分方程的解算模式,致使解答(临界载荷)的物理含义不明晰。后续讲解临界载荷 $F_{cr}=\pi^2 EI/l^2$ 属于结构的固有特性时,尽管学生们基于表达式的形式可以接受这一结论,但讲解中物理本质的缺失是学生理解弹性压杆稳定性机理的主要障碍。

如果在讲述弹性压杆稳定性问题时,仍基于力(力矩)平衡的视角进行分析,不仅便于学生理解与掌握细长弹性压杆稳定性的机理,也可以使讲授内容的编排更加体系化,这是本章内容的中心思想。

11.2　弹性压杆稳定性问题的力矩平衡视角

事实上,在两端铰支细长弹性压杆稳定性分析过程中也有驱动力矩与恢复力矩的分类:在微弯临界状态下研究分离体平衡条件(见图 11.3),由此获得内力分量的弯矩 M 与外力矩 Fw 的关系,其中弯矩 M 即为恢复力矩,而外力矩 Fw 为驱动力矩。尽管这种讲述方式也被部分教师采用,但相比刚杆-弹簧系统中恢复力矩 $k\delta l$ 所具有的明确物理含义,弹性压杆恢复力矩 M 与结构的几何尺寸和材料参数有何关系并不明确,导致该种讲述方式失去阐述内在机理的价值。

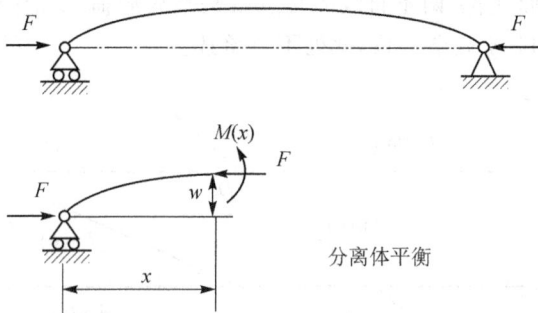

图 11.3　弹性压杆平衡稳定性分析状态与力平衡图

这里提出一种方法修补该缺陷,建议在基本内容讲述完成后对讲授内容进行另一种模式的回顾:当弹性压杆处于微弯临界状态时,利用挠曲轴近似微分方程与挠度解的形式。

因为
$$M = EIw'', \quad w = A\sin\frac{\pi}{l}x \tag{11.1}$$

所以
$$M = -EI\left(\frac{\pi}{l}\right)^2 A\sin\frac{\pi}{l}x = -\frac{\pi^2 EI}{l^2}w \tag{11.2}$$

为了形象化表征以上提及各力矩的变化与相互关系,此处使用图 11.4 展示弹性压杆系统中各力矩的变化,图 11.4 中横轴表示外加轴向压力 F,纵轴表示力矩。

① 当杆件偏离初始直线平衡位置时,图中 OA_1 直线表示随着轴向压力 F 的增加,$x = x_1$ 处横截面(任意轴向位置)的驱动力矩 $Fw(x_1)$ 呈线性增长;而恢复力矩 $M = \frac{\pi^2 EI}{l^2}w(x_1)$ 与外加轴向压力 F 无关,所以呈水平直线(图中 B_1C_1)(式(11.2)中负号表示恢复力矩 M 与驱动力矩方向相反,为了便于画图,图中数据为绝对值)。两线相交点 D_1 表征临界状态,其交点对应横坐标即为临界载荷 $F_{cr} = \frac{\pi^2 EI}{l^2}$。

② 图中 F_{cr} 左侧箭头表示:当外加轴向压力 $F < F_{cr}$ 时,线段 B_1D_1 位于 OD_1 之上,即恢复力矩大于驱动力矩,压杆将回到初始直线平衡位置;同理,F_{cr} 右侧箭头表

示当外加轴向压力 $F > F_{cr}$ 时,恢复力矩小于驱动力矩(线段 D_1C_1 位于 D_1A_1 之下),压杆无法回到初始直线平衡位置。

③ 当然也可以取不同的轴向位置 $x = x_2$,情况是完全类似的:OA_2 表示驱动力矩 $Fw(x_2)$,B_2C_2 表示恢复力矩 $\dfrac{\pi^2 EI}{l^2} w(x_2)$,两线相交点 D_2 所对应的临界载荷仍为 F_{cr}。

刚杆-弹簧系统驱动力矩 $F\delta$ 与恢复力矩 $kl\delta$ 的相互关系与弹性压杆系统完全类似(见图 11.5),图中 δ_i 均表示压杆上端部水平位移。同样,当刚杆在扰动下偏离平衡位置时,驱动力矩 $F\delta_i$ 随轴向外载 F 的增加而线性增长,但弹簧力矩 $k\delta_i l$ 并不随轴向外载 F 的变化而变化,两条直线的交点就是临界载荷。图中箭头标注及不同偏离位置的结果与图 11.4 完全一致,此处不再赘述。

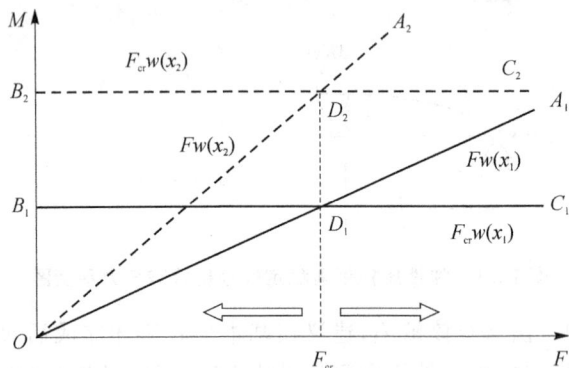

图 11.4　弹性压杆系统的力矩变化

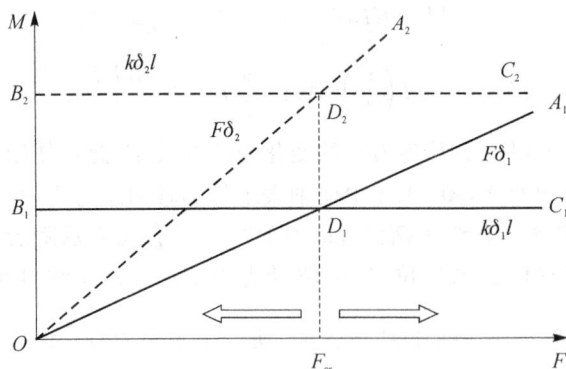

图 11.5　刚杆-弹簧系统的力矩变化

沿袭力矩平衡的视角,采用该类图线可以展示驱动力矩与恢复力矩的关系、临界载荷的来历以及外力小于或大于临界载荷时系统的状态,为帮助学生理解弹性压杆稳定性机理提供了一种新视角。

以上的分析模式从形式上统一了刚杆-弹簧系统与弹性压杆系统失稳机理的表述,但相比于刚杆-弹簧系统恢复力矩的来源,弹性压杆系统的恢复力矩源于挠曲轴近似微分方程与挠度解的形式,感觉上有些"陌生"或者"不直接"。更重要的是,相比前者临界载荷 kl 作为系统固有特性的物理本质,后者临界载荷 $\pi^2 EI/l^2$ 的形式不易理解:尽管从直观感受上,结构抵抗失稳的能力与刚度成正向比例,与压杆长度成反向比例是合理的,但比例的方次,包括系数的大小,以及 $\pi^2 EI/l^2$ 从形式上与结构的什么性质直接关联并不明显。讲述内容中刚杆-弹簧系统与弹性压杆系统两种稳定性问题还是相对独立的,这是以上方法的"缺憾"。

11.3　压杆稳定性问题的刚柔渐近

为了弥补 11.2 节方法中的"缺憾",探究刚杆-弹簧与弹性压杆两种稳定性问题的关联,这里首先介绍一个典型题目(见图 11.6),该题目在许多教科书中作为例题或习题出现[3,5,23]。

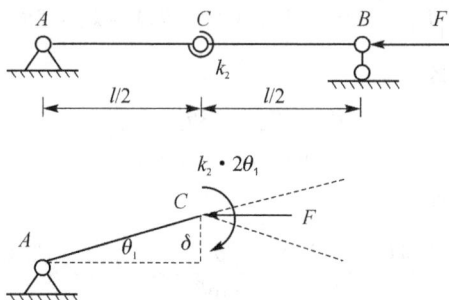

图 11.6　双刚杆＋线性碟簧系统稳定性问题示意图

双刚杆＋线性碟簧(螺旋弹簧)系统临界载荷的解算是非常简单的,考虑微扰临界状态下分离体刚杆 AC 的平衡

$$F_{cr} \frac{l}{2} \sin\theta_1 = k_2 \cdot 2\theta_1 \tag{11.3}$$

则

$$F_{cr} = \frac{4k_2}{l} \frac{\theta_1}{\sin\theta_1} \approx \frac{4k_2}{l} \tag{11.4}$$

在双刚杆模型的基础上进行扩展,使用相同的方法可以解算多刚杆＋线性碟簧模型的临界载荷,对于三刚杆模型(见图 11.7),根据对称性,CD 杆处于水平位置,其力平衡分析与双刚杆模型相同,即

$$F_{cr} \frac{l}{3} \sin\theta_1 = k_3 \theta_1 \tag{11.5}$$

$$F_{cr} = \frac{3k_3}{l} \frac{\theta_1}{\sin\theta_1} \approx \frac{3k_3}{l} \tag{11.6}$$

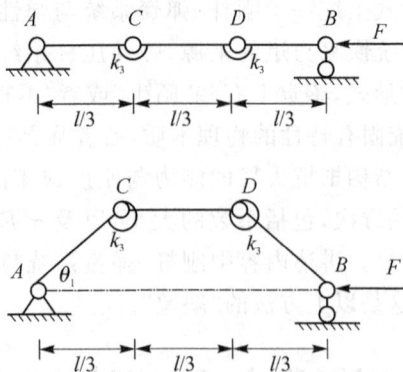

图 11.7 三刚杆＋线性碟簧系统稳定性问题示意图

四刚杆模型(见图 11.8)需考虑 AC 杆与 CD 杆的平衡

$$\begin{cases} F_{cr}\dfrac{l}{4}\sin\theta_1 = k_4(\theta_1 - \theta_2) \\ F_{cr}\dfrac{l}{4}\sin\theta_2 + k_4(\theta_1 - \theta_2) = k_4 \cdot 2\theta_2 \end{cases} \tag{11.7}$$

联立可得 θ_1 与 θ_2 的关系

$$\frac{\theta_1 - \theta_2}{\sin\theta_1} = \frac{3\theta_2 - \theta_1}{\sin\theta_2} \tag{11.8}$$

可解得 $\theta_2/\theta_1 = \sqrt{2} - 1$,即

$$F_{cr} = \frac{4(2-\sqrt{2})k_4}{l}\frac{\theta_1}{\sin\theta_1} \approx \frac{4(2-\sqrt{2})k_4}{l} \tag{11.9}$$

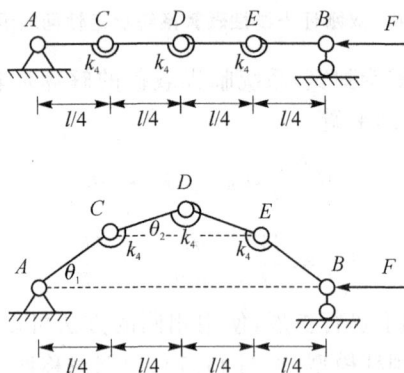

图 11.8 四刚杆＋线性碟簧系统稳定性问题示意图

更多杆件模型均可参照以上的平衡条件解出,另外也可利用最小势能原理,采用变分方法简化分析,以下给出各模型的势能表达式

$$\begin{cases} \varPi_2 = 2k_2{\theta_1}^2 - F_{cr}l(1-\cos\theta_1) \\ \varPi_3 = k_3\theta_1^2 - F_{cr}\dfrac{2l}{3}(1-\cos\theta_1) \\ \varPi_4 = k_4(\theta_1-\theta_2)^2 + 2k_4\theta_2^2 - F_{cr}l\left(1-\dfrac{\cos\theta_1}{2}-\dfrac{\cos\theta_2}{2}\right) \end{cases} \tag{11.10}$$

各式中 $\varPi$ 的下标表示杆件数目,对 θ_i 变分即可得到平衡方程,这里不再详述。

观察式(11.4)、式(11.6)、式(11.9)等系列结果并将其按顺序排列,可以看出它们在形式上完全相似,临界载荷均与线性碟簧刚度成正比,与刚杆长度成反比。考虑到图中碟形弹簧刚度 k_i 的物理含义是相邻两刚杆产生相对单位转角所需要的力矩,将其与弹性梁弯曲变形中产生弯曲角的集中弯矩相关联,可得

$$\theta = \frac{Ml}{EI} \Rightarrow k_i = \frac{M}{\theta} = \frac{EI}{l_i} \tag{11.11}$$

式中,$l_i = l/i$(i 为刚性杆的段数)。代入各模型临界载荷公式中整理成为统一的模式,即

$$F_{cr} = a_i\frac{EI}{l^2} \tag{11.12}$$

式中 a_i 的数值如表 11.1 所列。

表 11.1　a_i 数值表

杆　数	2	3	4	5	6	……	n
a_i	8.00	9.00	9.37	9.55	9.65	……	π^2?

随着杆件数目的增加,依据式(11.12)与表 11.1 中数据可以猜测 a_i 的发展趋势,在表 11.1 中最后一列对应于 n(代表杆件被无限细分)的位置给出了猜测的数据 π^2(附加的"?"表示 π^2 是猜测数据),π^2 对应于细长弹性压杆欧拉公式中的系数。

a_i 是否有可能趋近 π^2? 事实上,我们可以证明这一点:对于总长 l 等分为 i 段($i \to \infty$)的刚杆-线性碟簧模型(见图 11.9),考虑对称性取左半部分为研究对象(为方便画图不妨设 i 为偶数),则

$$F_{cr} \times A = k_i \times 2\theta_{i/2} \tag{11.13}$$

$$F_{cr} = 2k_i\theta_{i/2}/A \tag{11.14}$$

沿用形状函数 $A\sin(\pi x/l)$,极限状态下中点附近弯曲角非常小,利用小变形假设

$$\theta_{i/2} \approx \sin\theta_{i/2} = B/l_i = \frac{A}{l_i}\left[1-\sin\frac{\pi}{l}\left(\frac{i}{2}-1\right)\frac{l}{i}\right] = \frac{A}{l_i}\left(1-\cos\frac{\pi}{i}\right) \tag{11.15}$$

$$F_{cr} = \frac{2k_i}{A}\frac{A}{l_i}\left(1-\cos\frac{\pi}{i}\right) = 2i^2\left[1-\left(1-\frac{1}{2!}\left(\frac{\pi}{i}\right)^2+O\left(\frac{\pi}{i}\right)^4\right)\right]\frac{EI}{l^2} \tag{11.16}$$

得 $$\lim_{i \to \infty} F_{cr} = \pi^2 \frac{EI}{l^2}$$ (11.17)

以上各式中系数 A、B、$\theta_{i/2}$ 的含义均在图 11.9 中标出。

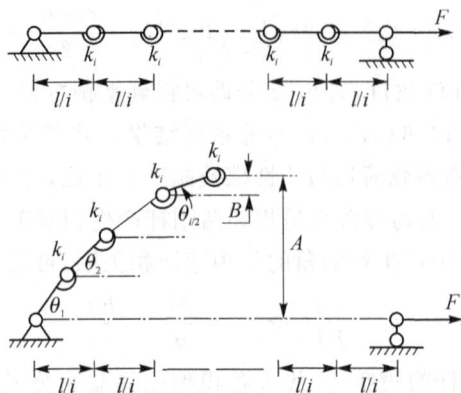

图 11.9 无限细分刚杆＋线性碟簧系统稳定性问题示意图

以上的推导针对刚杆-弹簧模型求解临界载荷,如果其中的弹簧刚度关联弹性梁的弹性性能,则最终的结果与弹性压杆临界载荷一致。对于压杆稳定性教学内容的讲解,特别是压杆稳定性内涵的理解,此例有两方面的作用:

① 弹性压杆稳定性问题中的"恢复力矩弹簧刚度"来源于梁的弯曲刚度,解释了弹性压杆临界载荷 $\pi^2 EI/l^2$ 中的系数与方次;

② 统一了刚杆-弹簧与弹性压杆两种压杆稳定性模式,前者是后者在一定条件下的近似,后者可以看作是前者的极限化。

在材料力学课程的绪论部分,教师往往都会提及材料力学与理论力学的主要差异之一在于研究对象:理论力学的主要研究对象是质点、质点系和刚体,而材料力学的研究对象是弹性体(变形体)。事实上,并不存在绝对意义上的刚体,当构件的变形对问题分析的影响可以忽略时,刚体成为一种简化分析的选择对象。在以上问题的分析与对比中,刚杆-弹簧模型就是结构系统中各部分刚度差异极大时,把刚度较小部分的弹性表征为弹簧,其他部分以刚体替代的分析模型。

即使弹性构件各部分的刚度并无较大差异,对于变形问题而言,也可以把构件的弹性集中于某个局部元件,并保证总变形一致。这种模式类似于函数的分段线性表征,在数学中,当构件分区足够细化时其结果将趋近于真实解。如果将弹性压杆细分为很多段,每段弹性杆的弯曲刚度使用碟簧表征,则弹性杆件可以转化为刚杆-弹簧系统,以上的推导展示了这种转化与趋近的过程,同时也对材料力学稳定性部分的两种失稳模式进行了关联。

11.4 压杆稳定性问题的数学特征与外延

在材料力学稳定性教学内容中,两端铰支细长弹性压杆临界载荷的推导是基础,其基本步骤是利用分离体平衡(见图 11.3)获得弯矩表达式,将其代入弯曲梁的挠曲轴近似微分方程,根据存在非零解的条件确定临界载荷。

上面提及的弯曲梁挠曲轴近似微分方程(式(11.18)),在材料力学教材中第一次出现在梁的弯曲变形章节(甚至其原型是弯曲应力推导中的曲率公式),同样的控制方程,在弯曲变形部分获得了挠曲轴表达(式(11.19)),但在稳定性部分得到了压杆稳定性临界载荷(式(11.20)),何种因素造成了这种差异?

$$\frac{\mathrm{d}^2 w}{\mathrm{d}x^2} = \frac{M(x)}{EI} \tag{11.18}$$

$$w = \iint \frac{M(x)}{EI} \mathrm{d}x\,\mathrm{d}x + Cx + D \tag{11.19}$$

$$F_{\mathrm{cr}} = \frac{\pi^2 EI}{l^2} \tag{11.20}$$

观察结构的载荷状态(见图 11.10),弯曲变形问题中外加载荷 F 垂直于杆轴线(见图 11.10(a)),压杆稳定性问题中载荷 F 沿着杆轴线(见图 11.10(b)),二者弯矩 $M(x)$ 表达式的差异体现在:

① 弯曲变形问题中 $M(x) = f(F,x)$,即弯矩 M 为外加横向载荷 F(也可以是分布载荷 q,集中力矩 M_0,以及它们的组合)与轴向坐标 x 的函数,当外加载荷确定时,每个截面内的弯矩是常数,在小变形范围内与梁的变形无关;

② 压杆稳定性问题中 $M(x) = g(F,w)$,当外加载荷为临界载荷时(系统处于临界状态),弯矩 M 为外加轴向载荷 F 与挠度 w 的函数(各点挠度 $w = w(x)$),每个截面上的弯矩与状态量 w 有关,换言之,此时的弯矩与系统的待求量有关,不是可以预先确定的量。

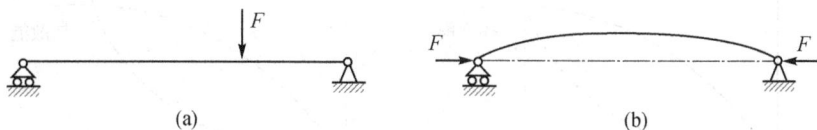

图 11.10 弯曲变形问题与压杆稳定性问题受力分析示意图

从数学上看,前者属于定解问题,后者属于特征值问题;在力学中前者称为响应问题,后者称为稳定性问题。

① 定解问题的方程 $\boldsymbol{AX} = \boldsymbol{B}$ 对应弯曲变形问题,其中的 $\boldsymbol{A}$ 对应结构刚度矩阵,$\boldsymbol{X}$ 对应待求位移向量,$\boldsymbol{B}$ 就是载荷向量,只要 $\boldsymbol{A}^{-1}$ 存在(结构具有足够的约束),$\boldsymbol{X} = \boldsymbol{A}^{-1}\boldsymbol{B}$ 是可以唯一确定的常数向量;

② 特征值问题的方程 $AX = \lambda X$ 对应压杆失稳问题,等式右端表示载荷与待求位移向量 X 相关,求解 $|A - \lambda I| = 0$,其对应的特征值 λ 与临界载荷 F_{cr} 相关,对应的特征向量 X 表征处于微弯临界状态下的变形模式。特征向量 X 表示其组成各量 x_i 的比例关系,各量值绝对大小并无物理意义,该特征对应于压杆稳定性问题中处于临界状态下的变形模式(例如两端铰支细长弹性压杆变形模式为半波正弦形状),但幅值不定。

事实上,在自然科学各个专业中问题的分类均可以分为响应问题与稳定性问题,稳定性问题的特征表现在控制方程中某些参量与状态相关,在动力学问题中这些状态量不仅有位移,还可能是速度与加速度。

在航空航天的飞行器设计领域,最为典型与危险的动稳定性问题是颤振,表现为当飞行速度达到临界值时,飞行器的气动翼面发生剧烈的气动弹性耦合振动,甚至结构快速解体。对于动力学稳定性问题的机理,往往使用能量平衡的视角进行解释。动力学问题中系统的输入能和耗散能与结构振动幅度相关,典型的模式如图 11.11 所示。当耗散能与输入能相等时所对应的位置称为动态平衡点:

① 如果耗散能和输入能与振幅的关系满足图 11.11(a)的规律,这种平衡点是稳定的——当振幅向左偏离平衡点时,输入能将大于耗散能,系统振幅有增大趋势;如果振幅向右偏离平衡点,则输入能小于耗散能,系统振幅有减小趋势,即无论振幅的变化趋势如何,系统总可以回到平衡点的振幅,其时域图像如图 11.12 中内侧两条曲线所示;

② 如果耗散能和输入能与振幅的关系满足图 11.11(b)规律,这种平衡点是不稳定的,其分析过程与上述相同,例如当向右偏离平衡点时,输入能大于耗散能,系统振幅将持续增加直至发散,其时域图像如图 11.12 中外侧曲线。

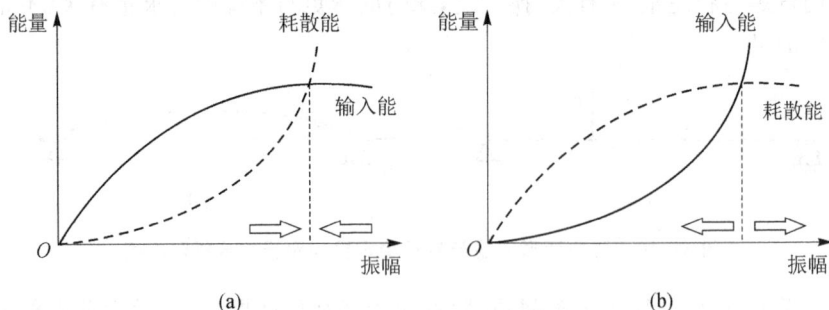

图 11.11 动力学稳定性问题中的能量平衡视角

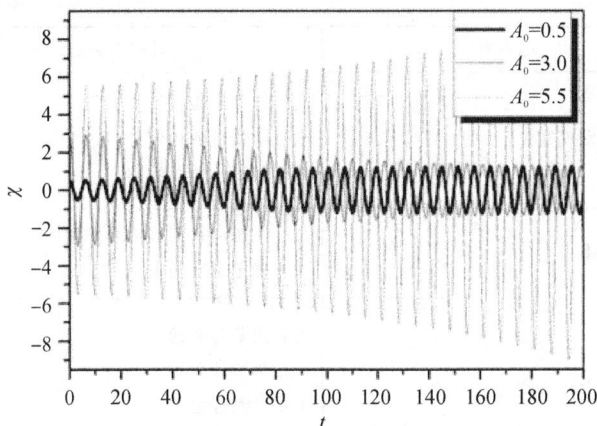

图 11.12　动力学稳定性问题中典型时域曲线

11.5　小结与建议

通过以上的分析与论述,针对压杆稳定性的教学内容,可以得出以下的小结:

① 尽管不同领域稳定性问题的具体形式有差异,但本质上均针对平衡状态,表征系统保持平衡状态的能力;

② 从数学描述方法上看,对于稳定性的判断有多种方式或指标,但描述方程中载荷(或等效于载荷的量)一定与系统状态参量相关;

③ 弹性压杆稳定性临界载荷与杆件弯曲刚度(包括了材料属性)、杆件尺寸以及边界条件相关,属于结构系统的固有特性;

④ 刚杆-弹簧模式是弹性压杆模式在一定条件下的近似,其极限状态就是弹性压杆模式。

以上提及的结论与规律散布在教学内容各部分中,如果仅就考核学生求解临界载荷的解题能力而言,这些内容不是重点。但是,如果希望深刻理解与掌握压杆稳定性的物理本质与数学抽象,提出相应的问题并展开讨论是有益的。

本章涉及学生能力培养体系的指标点如表 11.2 所列。

表 11.2　本章涉及学生能力培养体系的指标点

能　力	对应指标点
1 工程推理和解决问题的能力	1.1 发现问题和系统地表述问题 1.2 建模 1.3 估计与定性分析

能　　力	对应指标点
2 实验和发现知识	2.1 建立假设 2.3 实验性的探索 2.4 假设检验与答辩
3 系统思维	3.2 系统的显现和交互作用 3.3 确定主次与重点
4 个人能力和态度	4.2 执着与变通 4.3 创造性思维 4.4 批判性思维 4.6 求知欲和终身学习

第 12 章　材料力学中小变形假设辨析

材料的连续、均匀、各向同性假设出现在材料力学的绪论部分,尽管之后的教学内容中甚少提及这三个假设,但是作为绪论讲授内容的重点和测试的考点,这部分内容已为同学们所熟知。与之相对照的是材料使用范围的线弹性假设与分析状态的小变形假设,尽管二者贯穿了完整的教学内容与讲述过程,但在教学过程中并无专门的部分讨论它们的作用,甚至部分教科书没有明确给出小变形的定义。事实上,相对线弹性假设清晰的定义与使用范围,小变形假设在教材各章中出现时"面貌"并不完全一致,所以讨论变形的大小及对比的标准有助于深入理解小变形的内涵。本章针对小变形假设,并关联其在材料力学教学内容中的作用,辨析小变形假设成立的原则。

12.1　目的与意义

作为理工科机械大类培养体系中的专业基础课,材料力学课程首次引入了"变形"的概念,与之相应地,在研究对象与分析方法上务求简单:分别对应于几何上的杆件,材料性质方面的连续、均匀、各向同性假设,以及基于观察与假设的分析模式。尽管材料力学课程在绪论中就非常明确地给出材料连续、均匀、各向同性的假设,但在后续章节却甚少提及,反倒是材料的线弹性假设与分析状态的小变形假设在理论推导中作为依据反复出现。相对而言,材料线弹性假设的物理含义与作用范围比较明确,易于学生理解掌握,而作为分析状态的小变形假设,由于其表观形式各异,故增添了概念辨析难度,例如"多大的变形可以看作小变形",即便是材料力学专业教师,对于该问题的回答在思路与结论上也有较大差异。

本章首先回顾在材料力学中提及小变形假设的教学内容,然后着重讨论小变形假设成立的条件,或者更通俗地表述为"多大的变形"属于小变形,以及"与谁相比"足够小可被视为小变形。

另外,本章内容与下章内容有内在联系,但为了便于课堂教学的教案设计,相关内容被分为两个部分,本章主要针对材料力学教学内容中涉及小变形假设的概念辨析,下章着重比较不同章节中同类物理量的大小,并阐述在哪些理论推导中隐含使用了小变形假设,从而获得模型简化。

12.2　小变形的定义与涉及的教学内容

阐述小变形的定义之前,为避免争议首先说明小变形的"称谓":理论上,小变形是变形满足一定条件的分析状态范围,部分教材中称为小变形状态或小变形条件,大部分教材中称为小变形假定或小变形假设,本章统一称为小变形假设。

小变形假设与材料性质基本假设不同,后者在所有力学教材的开篇部分就给出了明确定义,前者在一些教材中有明确定义[7,8,26,27],也有教材通篇都没有给出明确定义,但在其分析过程中使用其性质。在给出小变形假设定义的教材中,其出现的位置也有差异:材料力学教材中小变形假设往往出现在桁架节点位移分析章节[26,27],而弹性力学教材或工程力学教材中小变形假设一般出现在材料的基本假设之后[7,8]。

尽管不同教材中给出的小变形假设的表述不完全相同,但核心思想一致,此处表述为:物体内各点的位移远小于物体的几何尺寸,因而应变与转角都远小于 1。可以按原始几何位形进行力平衡分析;并可忽略应变与转角的二阶微量,从而使得几何方程线性化。

在材料力学教学内容中,以下几个部分均明确指出使用了小变形的性质:

① 桁架节点位移分析,典型模型如图 12.1 所示,该方法也常被称为切线代圆弧;

② 梁弯曲挠度分析中挠曲轴微分方程的简化,由式(12.1a)简化为式(12.1b);

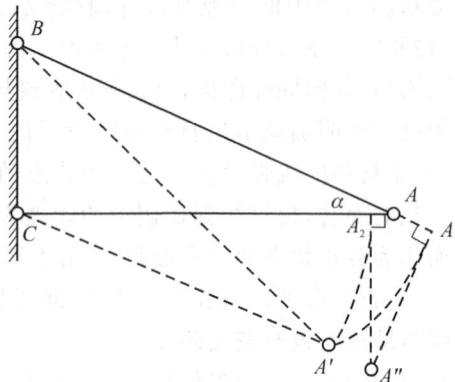

图 12.1 桁架节点位移分析示意图

③ 平面应变状态分析,典型变形协调如图 12.2 所示,图中由小变形假设支撑的三个方面包括:切线代圆弧体现在式(12.2a)、原始几何构型体现在式(12.2a)~式(12.2c)、角度代正切体现在式(12.2c)。

$$\frac{w''(x)}{(1+[w'(x)]^2)^{3/2}} = \frac{M(x)}{EI} \tag{12.1a}$$

$$w''(x) = \frac{M(x)}{EI} \tag{12.1b}$$

$$\Delta(\mathrm{d}l) = \varepsilon_x \mathrm{d}x \cos \alpha \tag{12.2a}$$

$$\varepsilon_a = \Delta(\mathrm{d}l)/\mathrm{d}l = \varepsilon_x \cos^2 \alpha \tag{12.2b}$$

$$\varphi'_\alpha = -\varepsilon_x \, dx \sin \alpha / dl = -\varepsilon_x \cos \alpha \sin \alpha \qquad (12.2c)$$

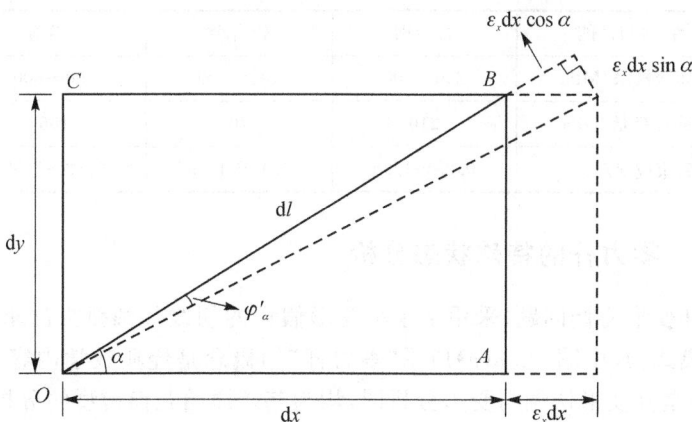

图 12.2　平面应变状态分析典型模型

除此之外,材料力学教学内容中还有一些章节涉及小变形假设,但并没有明确指出或详细给出分析过程,例如:

① 正应变(线应变)的定义;

② 材料应力–应变曲线中对应的真实应力与应变;

③ 梁轴线弯曲变形分析中忽略轴向位移和挠度沿截面高度的变化;

④ 广义胡克定律中切应力对正应变的影响;

⑤ 变形体虚功原理中虚位移的定义。

材料力学专业教师对这些内容非常熟悉,部分内容在下一章中讨论,这里不再赘述。

12.3　小变形定义的辨析与实例

在材料力学教学内容中小变形假设经常出现,但相对于材料线弹性假设,其每次出现的"面貌"并不完全一致,尽管多数情况二者同时出现。

首先需要说明,线弹性假设与小变形假设归属不同范围:前者设定在材料使用范围,后者设定在变形状态范围。其次,在材料力学绝大多数分析状况中,线弹性与小变形总是关联出现:以常见的金属材料为例,其屈服应力与弹性模量之比(屈服应变)远小于1(见表12.1),而工程结构服役状态常见的应变小于 10^{-3} 量级。既然如此,在材料线弹性范围还需要同时强调小变形假设吗?另外一个常见问题是:材料力学的研究对象是一个方向尺寸远大于另外两个方向尺寸的杆件,小变形假设中提及的远小于结构原始尺寸是哪个方向的尺寸?特别是弯曲梁,挠度应该与横向的高度(或宽度)还是杆件长度进行比较?为了说明这类问题,这里选取了几个经典讲授内容进行详细讨论,便于加深对于小变形假设定义的理解。

表 12.1　航空常见金属材料力学性质

材料与性能	合金钢	铝合金	钛合金
屈服极限/MPa	200～400	100～300	300～800
弹性模量/GPa	210	70	106
屈服应变/10⁻³	0.95～1.90	1.43～4.29	2.83～7.55

12.3.1　零力杆的特殊状态分析

对于多杆变形协调问题,采用基于小变形假设的切线代圆弧方法求解桁架节点位移是常规模式,其中图 12.3(a)所示"零力杆"的概念是经典教学内容,图 12.3(b)与图 12.3(c)是其变形协调与受力分析图,均为基于原始几何构型的分析模式。

现在讨论比较特殊的情况:如果两杆夹角 θ 非常小,甚至接近 0,同样利用切线代圆弧的变形协调,将会出现如图 12.3(d)所示的趋势,很明显,此时使用基于原始几何构型的切线代圆弧模式求解节点位移,即使杆件应变远小于 1 也会造成较大的偏差。究其原因在于此例中特殊几何构型的力平衡,即使杆件变形的绝对量 Δl_1 (Δl_1 为图 12.3 中①杆变形量)或相对量 $\Delta l_1/l_1$ 很小,甚至是 $\Delta\theta$ 也很小均会出现该问题,其原因在于对于两杆夹角 θ 非常小的几何构型,采用图 12.3(c)所示基于原始几何构型的力平衡模式与图 12.3(e)所示真实的力平衡模式存在较大差异。

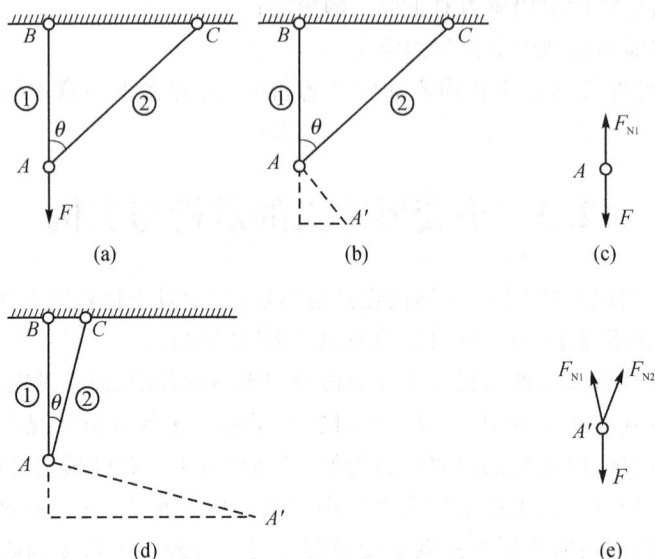

图 12.3　零力杆的特殊状态分析

对于小变形假设,一般意义上理解为"变形小"是条件,只要变形小就可以使用原始几何构型进行力平衡分析,同时忽略应变与转角定义中的二阶小量。这个示例说明,小变形假设是否成立并不仅仅取决于变形量的大小,更归结到是否可以采用基于原始几何构型进行力的平衡分析,或者说采用原始几何构型进行力平衡分析是否满足分析的精度。就这一点而言,小变形假设与线弹性假设在因果关系上完全不同:材料受力状态中应力与应变处于线弹性范围是使用胡克定律的充分条件,但变形小不是使用原始几何构型进行力平衡分析的充分条件。从实用化的角度更进一步的理解是:如果使用原始几何构型进行力平衡分析,忽略应变与转角定义中的二阶小量,采用这种方式获得的计算结果满足问题分析的精度,此时对于这种变形较小状态的分析模式称为采用了小变形假设的分析方法。从这一点上看,变形小似乎是采用原始几何构型进行力平衡分析的必要条件而非充分条件。

12.3.2　组合变形分析

在组合变形部分有如图 12.4 所示的载荷状况,常规讲授内容中,危险截面上的正应力是由 F_1 引起的弯曲正应力和 F_2 引起的拉压正应力叠加而成的。以上结论的成立基于一个隐含的小变形假设条件,即梁弯曲挠度 w 很小,小到多少算是满足要求？如果基于变形后的几何位置考虑 w 的影响,通过简单的截面内力分析可知,其截面弯矩最大值(中点位置)为

$$M = F_1 l/4 + F_2 w \tag{12.3}$$

相比不考虑 w 的影响,基于原始几何构型的最大弯矩 $F_1 l/4$ 衡量是否满足小变形假设,挠度 w 的大小不仅与 w/l 相关,也与 F_2/F_1 有关,反而与 w/h 没有直接关系(h 为截面的高度,属于横向几何尺寸),尽管挠度 w 与截面高度 h 属于同一方向。这与拉压杆采用小变形假设的变形分析不同,拉压杆轴向变形的比较对象是与变形方向一致的轴向长度,而本示例中弯曲梁横向变形量的比较对象也是轴向方向的长度,而非与横向变形方向一致的横向尺寸。

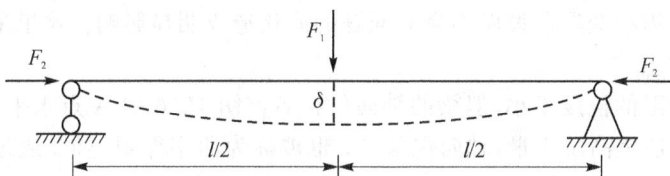

图 12.4　组合变形的载荷状态

12.3.3　一端固支一端铰支细长压杆稳定性问题

在压杆稳定性教学内容中,边界条件为一端固支一端铰支的分析状况相比两端铰支的分析状况有其特殊性:弯矩表达式中出现垂直方向约束力(见图 12.5(a)与图 12.5(b)中的 F_R)。采用类比方法求解时教科书直接给出距铰支端约 $0.7l$ 处为拐点(见图 12.5(c)中 C 点),而后基于 C 点弯矩为零的条件将问题转化为两端铰支模式(见图 12.5(d))。这里需要指出,与图 12.5(c)不同,图 12.5(d)中 C 点与 B 点

处于同一水平线,其本质就是忽略了垂直方向约束力 F_R。

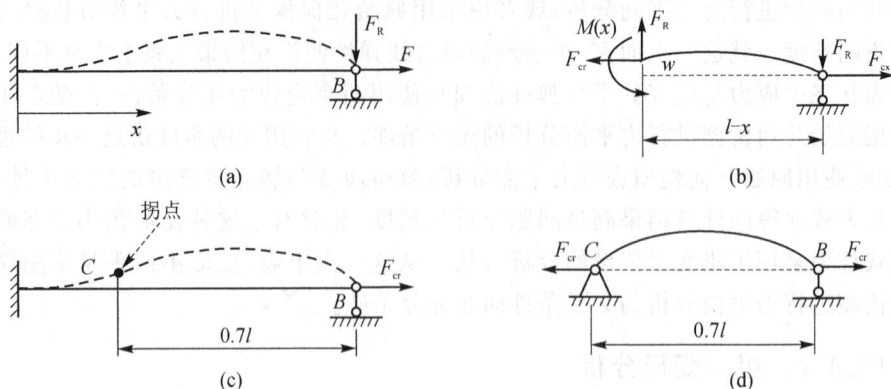

图 12.5 一端固支一端铰支细长压杆的稳定性问题

为了考察该处理方式的依据,可以根据图 12.5(b)的模式列出处于临界状态的分离体 BC 的力平衡方程:

$$F_{cr} \times w = F_R \times 0.7l \tag{12.4}$$

正是由于 $w/l \ll 1$,所以相比 F_{cr},垂直方向约束力 F_R 足够小,这是问题简化的基础。在基于小变形假设的分析中,挠度 w 足够小的比较标准仍然是杆件轴向长度 l 而不是横向尺寸 h(截面高度)。

12.3.4 悬臂梁轴向位移与载荷方向影响

由于梁长度的放大效应,在工程实际问题中梁的挠度与梁的横向尺寸往往都是可比的,甚至梁的挠度会大于梁的横向尺寸。相对于拉压变形中轴向变形大小的判断,符合小变形假设的挠度大小在材料力学教材中并无明确的标准,那么挠度达到什么程度还能使用小变形假设而不会对问题的简化造成明显影响?这里采用悬臂梁的模型进行探讨。

尽管梁变形的挠度不小,但梁的轴向位移 Δ_A(图 12.6 中 A 点水平位移)相对梁的轴向长度 l 还是高阶小量,轴向位移 Δ_A 也被称为曲率缩短,可以通过挠曲轴总长与其轴向投影之差获得[26],通用计算公式是泰勒展开的近似表达

$$\Delta_A \approx \frac{1}{2} \int_l (w')^2 \, dx \tag{12.5}$$

对于自由端受集中力的悬臂梁,得出

$$\Delta_A \approx \frac{F^2 l^5}{15 E^2 I^2}, \qquad \frac{\Delta_A}{w_A} = \frac{3}{5} \frac{w_A}{l} \tag{12.6}$$

由此得到结论,梁的轴向位移 Δ_A 相比挠度 w 是更高阶的小量。

在材料力学教学内容中,无论是强度问题还是刚度问题,梁内弯矩是问题分析的关键,对于长度为 l 的悬臂梁,当自由端承受横向集中力 F 时,基于原始几何构型给

出的梁内最大弯矩 $M_{max} = Fl$ 与基于变形后几何构型给出的最大弯矩 $M_{max} = F(l - \Delta_A)$ 相比,由于 Δ_A 是 l 的二阶小量,所以基于小变形假设在原始几何构型下进行力平衡分析不会造成分析结果的明显偏差,此时采用线性分析仍然可以获得精准的结果。

如果改变受力状况,在自由端同时存在横向载荷与水平载荷(见图 12.6),与 12.3.2 节类似,梁内最大弯矩

$$M_{max} = F_1(l - \Delta_A) + F_2 w \tag{12.7}$$

与基于原始几何构型的弯矩 $F_1 l$ 相比,分析结果的精度不仅与 w/l 相关,也与 F_2/F_1 有关。

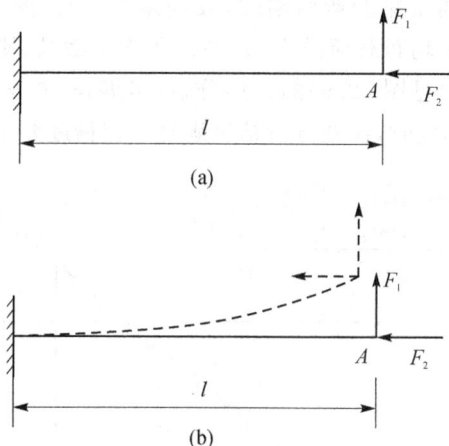

图 12.6　悬臂梁自由端受垂直与水平集中力

为了在教学过程中给出直观的认知,这里以 F_1 与 F_2 的合力始终垂直于变形后的轴线为例,研究结果的精度(此为机翼翼面升力模式)。

如果载荷始终垂直于轴线,以基于原始几何构型的线性状态估算挠度与转角,则

$$\frac{F_2}{F_1} = \frac{dw}{dx}\bigg|_{x=l} = \frac{F_1 l^2}{2EI} \tag{12.8}$$

忽略轴向位移 Δ_A,最大弯矩为

$$M_{max} = F_1 l \left[1 + \frac{2}{3} \left(\frac{F_1 l^2}{2EI} \right)^2 \right] \tag{12.9}$$

其中 $\dfrac{F_1 l^2}{2EI}$ 正是在原始构型下梁自由端的转角,如果考虑工程误差为 5%,即 $\dfrac{2}{3} \left(\dfrac{F_1 l^2}{2EI} \right)^2 = 0.050$,则 $\dfrac{F_1 l^2}{2EI} = 0.274$ 或 $\theta(l) = 15.7°$,即自由端最大弯曲角小于 $15°$ 时,使用小变形进行计算可保证工程精度。由于弯曲角不直观,故根据悬臂梁自由端受集中力状态 $\dfrac{w(l)}{l} = \dfrac{F_1 l^2}{3EI}$,可以估算此时 $\dfrac{w(l)}{l} = \dfrac{F_1 l^2}{2EI} \dfrac{2}{3} = 0.183$,即最大挠度

小于梁长度的 18% 时,基于小变形假设的分析可满足工程问题的精度要求。

事实上,除了弯矩的差异,以上这种挠度较大的情况可能涉及小应变大位移(大变形几何非线性),尽管不可能在材料力学的教学中讲解这些理论细节,但给出与真实结果的比较对于教学还是有益的。

图 12.7 是利用有限元的线性与非线性分析模块得出的悬臂梁自由端承受集中载荷的计算结果比较,横轴为挠度与梁长度的比值,纵轴为偏差。其中位移下标 0,1,2 分别表示基于小变形的线性分析结果,载荷方向不变的非线性分析结果,以及考虑力跟随(载荷始终垂直于变形后的梁轴线)的非线性分析结果,可以发现与上述近似理论分析结果吻合较好(载荷方向保持不变的情况由于变形后在梁轴线方向有拉力分量,其几何刚度提高了梁的弯曲刚度,故偏差更大)。图 12.8 所示为类似的情况,区别在于此时外载为均布载荷模式,如果是非均布载荷,则对应于工程上高空长航时超大展弦比无人机(见图 12.9)的变形分析(半展长 20 m,翼厚小于 0.1 m),当翼尖挠度小于半展长 15% 时,线性分析结果满足工程精度要求。

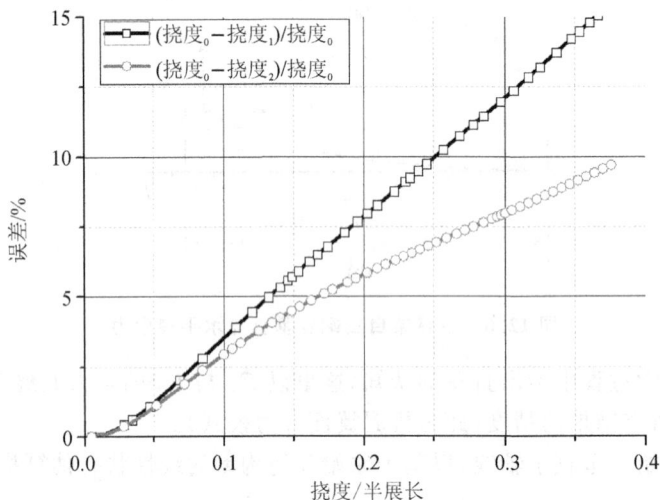

图 12.7　自由端集中载荷下挠度相对偏差

在 12.3.1 节中曾提及"变形小似乎是采用原始几何构型进行力平衡分析的必要条件而非充分条件",本例中梁的挠度相比梁的高度(厚度)并不小,工程中大型民航客机翼尖最大挠度可以达到 5 m 以上,远大于翼面厚度,即使在正常巡航飞行状态下,翼尖的挠度也大于翼面厚度,但采用小变形假设的线性分析仍可获得良好的结果。从这个意义上看,变形小也不是采用原始几何构型进行力平衡分析的必要条件,尽管可以采用原始几何构型进行力平衡分析的大部分状况结构变形相比结构几何尺寸的确非常小。

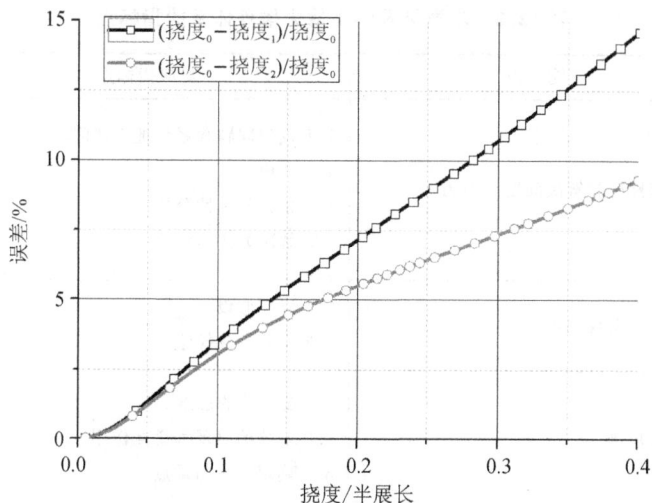

图 12.8　均布载荷下挠度相对偏差

图 12.9　高空长航时超大展弦比无人机

12.4　小结与建议

与材料的线弹性假设相比,小变形假设涉及的问题更加复杂且表现形式多样化,在本科阶段的材料力学教学中不可能完整涉及柯西应变张量与格林应变张量(或阿尔曼西应变张量)的对比,但是往往学生们会问及多大的变形属于小变形范畴,以及不同模式下比较的原始尺度。本章期望通过几个材料力学教学实例说明:在绝大多数问题的分析中,小变形假设适用范围的标准主要在于是否可以采用原始几何构型进行问题分析,而不仅仅是变形是否较小。本质上,小变形假设与材料线弹性假设"定义式"的表征不同,更多体现在保证分析结果的准确性上。

本章涉及学生能力培养体系的指标点如表 12.2 所列。

表 12.2　本章涉及学生能力培养体系的指标点

能　　力	对应指标点
1 工程推理和解决问题的能力	1.1 发现问题和系统地表述问题 1.2 建模 1.3 估计与定性分析 1.5 解决方法与建议
2 实验和发现知识	2.1 建立假设 2.3 实验性的探索
3 系统思维	3.1 全方位的思维 3.2 系统的显现和交互作用 3.3 确定主次与重点
4 个人能力和态度	4.3 创造性思维 4.4 批判性思维

第13章 量级估计在材料力学问题分析中的作用

利用假设条件简化理论分析的难度是自然科学研究的通用方法,该特征在材料力学分析方法中尤为突出,例如材料特征的连续、均匀、各向同性假设;材料使用范围的线弹性假设;分析状态的小变形假设;以及对应于杆件拉压、圆轴扭转与弯曲变形特征的平面假设。在"享受"这些假设带来分析过程简化便利的同时,说明假设的合理性不仅是理解结论适用范围的基础,也是培养学生解决复杂系统工程问题能力的重要环节,本章采用量级估计的方式,说明材料力学基本变形量之间的关系以及常见简化假设的基础,为教学活动中解释相关问题提供参考。

13.1 目的与意义

本章中的量级估计泛指具有相同物理意义的物理量或量纲为 1 的量之间的比较,并不限定于数学上有严格约定的数量级定义与相关问题。

无论在科学研究还是工程设计领域,基于某类假设进行问题简化是一种常见手段。作为机械大类的专业基础课,材料力学的分析方法充分体现了这一特征,其中包括学生最为熟悉的材料连续、均匀、各向同性假设和三种基本变形模式中的平面假设。

事实上,绝大多数假设条件只是给出的最终结论,其依据往往是各相关物理量或量纲为 1 的量的比较:针对特定问题,如果某些量相比其他量非常小,这些量或者其造成的影响将被忽略,这是假设简化的本质。当然,也有一些假设本身就是事实,只不过不是根据理论分析而是基于实验现象得出的猜测,例如上面提及的平面假设,给出假设的目的是避免引入复杂的数学推导。除此之外,基本解适用范围的讨论往往也是基于物理量的量级估计。

材料力学的问题分析中存在大量的量级估计,但是教材中通常只是给出了结论并未进行细节论述,作为教师需要了解相关细节便于回答学生提问,或者将其作为研讨课的素材。

本章内容来源于教学实践中对理论公式适用范围描述的细节,其中绝大部分结果表述为材料力学研究对象三维尺寸的差异和小变形条件下变形量的相对大小,注意到这一点对于材料力学教师把握引导方向有一定的参考价值。

13.2 基本变形模式之间变形量的量级估计

拉压、扭转与弯曲是绝大部分材料力学教材提及的三种基本变形模式[1-3,27]，其变形公式分别为

$$\Delta l = \frac{Fl}{EA} \tag{13.1}$$

$$\varphi = \frac{Tl}{GI_P} \tag{13.2}$$

$$w = \frac{Fl^3}{3EI} \tag{13.3}$$

式(13.1)～式(13.3)分别为一端固定一端自由均匀截面(扭转为圆或圆环截面)直杆承受轴向载荷 F、轴向力矩 T 与横向载荷 F 的自由端轴向位移(拉压变形)、扭转角(扭转变形)与挠度(弯曲变形)，其中杆件长、宽、高分别为 l、b、h(圆形半径为 r)，E 与 G 分别为材料弹性模量与剪切模量，A、I_P 与 I 分别为杆件横截面面积、极惯性矩与(轴)惯性矩。

上面三式中拉压与弯曲变形的量纲同为长度，而扭转变形为量纲为 1 的角度，所以首先基于物理意义比较拉压与弯曲变形的量级。在结构与载荷大小相同的情况下

$$\frac{\Delta l}{w} = \frac{Fl}{EA} \frac{3EI}{Fl^3} = \frac{1}{4}\left(\frac{h}{l}\right)^2 \tag{13.4a}$$

或者

$$\frac{k_S}{k_B} = \frac{EA}{l} \Big/ \left(\frac{3EI}{l^3}\right) = 4\left(\frac{l}{h}\right)^2 \tag{13.4b}$$

式中 k_S 与 k_B 分别为杆件拉伸与弯曲刚度。很明显，对于常见的工程长梁，拉压变形比弯曲变形至少小 2 个量级，换言之，拉压刚度比弯曲刚度至少大 2 个量级。

认识到这个量级差异不仅对于后续讲解能量原理中各部分变形能的取舍有益，更重要的是辅助学生理解典型结构设计中的细节与原理，例如梁杆尺寸匹配、传感器细节设计、超材料结构设计、柔性电子器件的机理等。图 13.1 所示为目前处于研究热点的柔性电子器件典型结构，为了获得拉伸方向(x 方向)较大的柔度，使用弯曲微梁作为主承力结构的周期单胞。图 13.2 所示为加速度传感器的微机械梳状结构，利用垂直于测量方向(x 方向)的微梁(AA 与 BB)较大的弯曲变形来明显改变器件的电容，从而表征 x 方向的加速度。

除此之外，还有大量力传感器、压力传感器、温度传感器都是利用微梁结构放大测量灵敏度，这种利用梁长度的方次效应提高灵敏度的模式与利用镜面偏转光路放大位移的模式类似，甚至可以联合使用——在微纳米材料性能测试领域，纳米压痕仪(包括原子力显微镜)利用了微梁变形＋激光光路偏转，极大提高了位移(变形)测量的灵敏度，目前医学界的大量检测设备也都使用了该方式。该领域类似的结构形式

非常多,教师可以查找相关图片作为教学讲解实例。

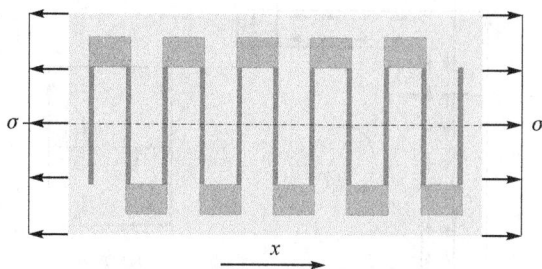

图 13.1　柔性器件微梁结构示意图

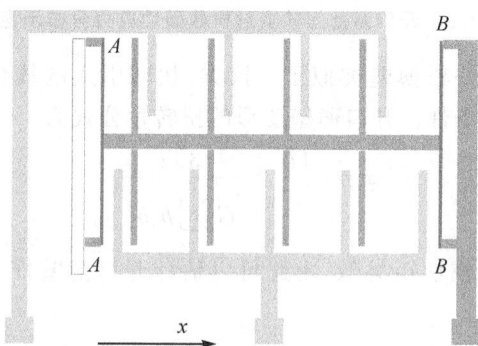

图 13.2　加速度传感器梳状结构微梁示意图

其次,圆轴扭转导致的最大线位移与横截面半径相关,将其与弯曲梁的挠度 w 相比较:

$$\frac{r\varphi}{w} = \frac{rTl}{GI_P} \frac{3EI}{Fl^3} = 3(1+\mu)\frac{T}{Fl}\frac{r}{l} \tag{13.5a}$$

不失一般性,考虑一对作用在端面上的 F 形成扭力矩,即 $T=2Fr$ 的情况下,则

$$\frac{r\varphi}{w} = 6(1+\mu)\left(\frac{r}{l}\right)^2 \tag{13.5b}$$

由此可见,一般情况下,扭转造成的最大线位移相比弯曲挠度也有 2 个量级的差异,与拉压变形量基本相当。

这里考虑一种特殊情况——开口薄壁杆件的扭转:材料力学教材中强调,开口薄壁杆件扭转相比闭口薄壁杆件扭转,前者应力大,变形更大。切应力大的原因常常使用图 13.3 加以说明[3](图 13.3 中为了符号标注清晰,薄壁构件截面的壁厚画得比较厚,实际情况应该更薄)。

在相同扭矩条件下,开口薄壁形成微扭矩的臂长 δ_i(薄壁结构各处的厚度)相比闭口的臂长 h_i(薄壁结构闭口中心线的特征尺寸)小很多,所以开口薄壁扭转切应力远大于闭口薄壁扭转切应力。事实上,也可以通过观察图 13.3 看出开口薄壁结构变

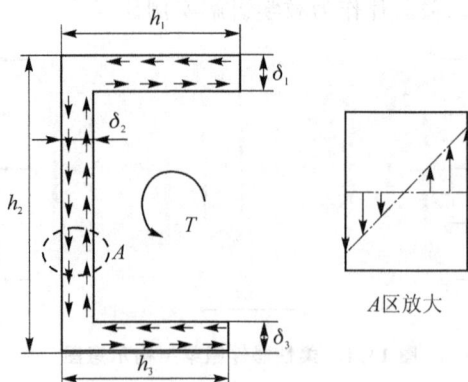

图 13.3　开口薄壁扭转变形横截面切应力分布示意图

形大的原因:横截面每一段薄壁类似于一段梁,扭转引入的线位移也与弯曲挠度相似,差异在于边界约束条件。开口薄壁变形的扭转角公式为

$$\varphi = \frac{Tl}{GI_t} = \frac{3Tl}{G \sum\limits_{i=1}^{n} h_i \delta_i^3} \tag{13.6}$$

其中,I_t 的形式与弯曲惯性矩类似,由此可以估计开口薄壁杆扭转线位移相比弯曲挠度的量级:

$$\frac{\tilde{h}\varphi}{w} = \frac{Tl\tilde{h}}{GI_t} \frac{3EI}{Fl^3} \sim \frac{3(1+\mu)}{16} \left(\frac{\tilde{h}}{\tilde{\delta}}\right)^3 \left(\frac{\tilde{h}}{l}\right)^2 \tag{13.7}$$

其中 $\tilde{h}$、$\tilde{\delta}$ 分别表示与 h_i、δ_i 同量级量。式(13.7)表明两种位移基本相当,具体数值取决于杆件长度、横截面尺寸与壁厚之间的相互关系。比较式(13.7)与式(13.5)可知,薄壁结构开口大大降低了扭转刚度,将造成较大变形。

13.3　基本变形模式中变形量的量级估计

除了不同变形模式之间的比较,同一种变形模式中也存在不同方向或者类型的位移(变形)量,例如在弯曲变形模式中使用挠曲轴作为唯一参量表征弯曲变形,其简化基础中包含忽略原始轴线方向的位移 Δ,对于悬臂梁自由端承受横向集中力的情况,由挠曲轴总长与其水平轴投影之差得[26]

$$\Delta \approx \frac{F^2 l^5}{15E^2 I^2}, \quad \frac{\Delta}{w} = \frac{3}{5} \frac{w}{l} \tag{13.8}$$

由此可见,在小变形条件下,悬臂梁自由端截面形心的水平位移相比轴线挠度属于高阶小量。

事实上,在弯曲应力章节中,弯曲正应力公式由纯弯曲扩展到横力弯曲是最为关键的适用范围推广,其基础是忽略了剪切效应对轴向应变的影响。该部分内容可以分为以下两种情况讨论：

① 如图 13.4(a)所示，当分布载荷 $q = 0$ 时，弯曲梁不同轴向位置横截面翘曲程度完全一致($aa' = bb'$)，截面翘曲并不显著影响轴向正应变及其相互关系，所以由纯弯条件导出的正应力公式可以推广到横力弯曲；

② 如图 13.4(b)所示，当分布载荷 $q \neq 0$ 时，弯曲梁不同轴向位置横截面翘曲程度不同($aa' \neq bb'$)，剪切效应影响轴向应变，所以由纯弯条件导出的正应力公式推广到横力弯曲不正确，但对于长度大于高度 5 倍以上的工程长梁，该公式仍然满足工程计算精度。对于第 2 种情况，教材中均未给出证明或原理性说明，利用三维弹性理论[7,9]或者有限元数值结果进行解释一定可行，但是从材料力学教学的角度，使用量级估计的方法对于学生理解与掌握更加合适。

以下的推导中为了不引入过于复杂的表达式，并考虑到讲解弯曲应力部分时还未涉及广义胡克定律，所以此处暂不涉及由于横向挤压应力造成的轴向应变(事实上，挤压应力最大值为分布载荷 q，其与轴向正应力有较大差异，由此引入的偏差也是小量)，只考虑剪切效应的影响。

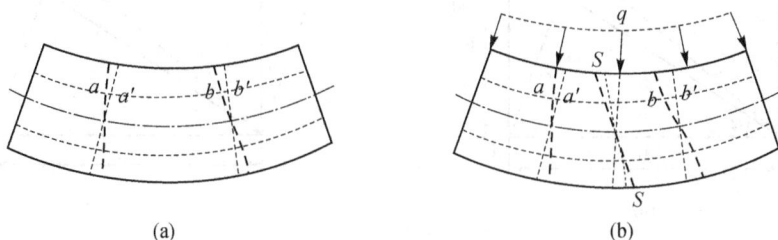

图 13.4　横力弯曲截面翘曲影响示意图

以中性轴处的切应变估计剪切效应的影响(见图 13.4(b)中的 SS 线)，则

$$\varepsilon_x^q \leqslant \frac{3}{2} \frac{y}{GA} \frac{(F_s + \mathrm{d}F - F_s)}{\mathrm{d}x} = \frac{3}{2} \frac{qy}{GA} \tag{13.9}$$

$$\frac{\varepsilon_x^q}{\varepsilon_x^M} \leqslant \frac{3}{2} \frac{qy}{GA} \frac{EI}{My} \sim \frac{(1+\mu)}{4} \left(\frac{h}{l}\right)^2 \tag{13.10}$$

其中，ε_x^q 与 ε_x^M 分别表示剪切与弯曲引入的轴向正应变，式(13.10)中弯矩 M 采用 ql^2 进行量级估计，其比值展示了二者有两个量级左右的差异，同时也为讲解梁长高比为 5 的判据提供了理论依据。

剪切效应不仅影响正应力分布，也影响弯曲变形(挠度)，关于该部分的描述在经典教材中都有体现[3]，其量级比同样等于梁高长比的平方，这里不再赘述。

13.4　变形协调分析中的量级估计

在平面应变状态的应变分析部分[3]，图 13.5(a)展示了仅存在切应变 $\gamma(\varepsilon_x = $

$\varepsilon_y = 0$)时,α 方位应变与 γ 的变形协调关系。与仅存在 $\varepsilon_x \neq 0$ 或 $\varepsilon_y \neq 0$ 的状态不同,此变形协调图为了便于在原始几何构型上表征变形量,对变形状态进行了简化——仅 $\gamma \neq 0$ 状态下,原始矩形 $OABC$ 应该变形为图 13.5(b)中的 $OAB''C''$,而不是 $OAB'C'$。在教学活动中对此提出疑义的学生不在少数,为了解决学生的疑惑,除了展示采用 $OAB''C''$ 导致过于复杂的推导过程外,利用量级估计分析由此带来的偏差是有益的。

观察图 13.5(a)中与应变分析相关各量,主要是 $\gamma \mathrm{d}y$(CC')及与之同量级值,与采用 $OAB''C''$ 模式造成差异的量级为 $\Delta \mathrm{d}y = (1 - \cos \gamma)\mathrm{d}y$(见图 13.5(b)),则

$$\frac{\Delta \mathrm{d}y}{\gamma \mathrm{d}y} = \frac{1 - \cos \gamma}{\gamma} \approx \frac{\gamma}{2!} - \frac{\gamma^3}{4!} < \frac{\gamma}{2} \tag{13.11}$$

在小变形条件下 $\gamma \ll 1$,由此可知,这种简化对变形协调中各量造成的偏差属于高阶小量,不影响后续结论的正确性。

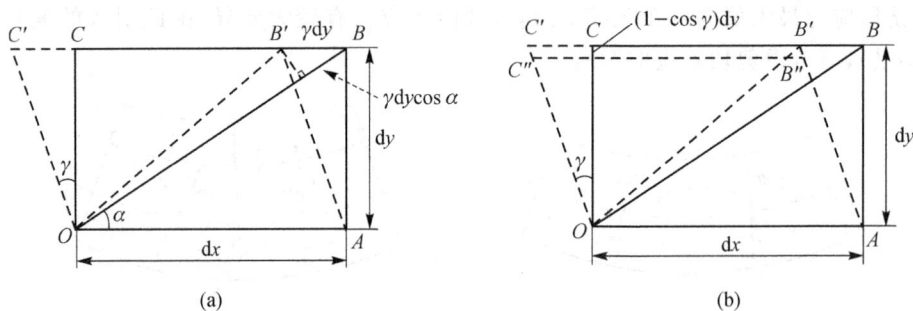

图 13.5　平面应变状态纯剪变形协调示意图

类似的情况在变形协调分析中还有不少,包括学生们最熟悉的切线代圆弧,尽管材料力学中切线代圆弧方法被广泛使用,但并无推导证明其合理性,只有部分章节中例题或习题的数值结果可以验证结论。事实上,使用量级估计的方式更为简洁也便于学生理解,以最早出现该方法的桁架节点位移分析为例(见图 13.6):

采用切线代圆弧方法,图 13.6 中 A 点水平位移为 AA_2(AC 杆的变形量),如果按照圆弧相交的方法,A 点水平位移为 AA_3,二者差异为 A_2A_3,使用量级估计的模式

$$A_2A_3 = (l_{AC} - \Delta l_{AC})(1 - \cos \beta) \tag{13.12}$$

$$AA_2 = \Delta l_{AC} \sim A_2A'' \sim A_3A' \tag{13.13}$$

$$\frac{A_2A_3}{AA_2} \sim \frac{(l_{AC} - \Delta l_{AC})(1 - \cos \beta)}{(l_{AC} - \Delta l_{AC})\sin \beta} < \frac{\beta}{2} \tag{13.14}$$

在小变形条件下 $\beta \ll 1$,由此可见切线代圆弧方法对节点位移求解造成的影响可忽略,垂直方向影响类似,此处不再赘述。

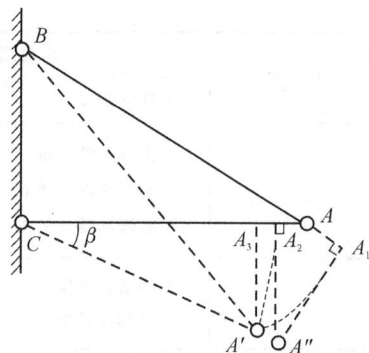

图 13.6　桁架节点位移分析变形协调示意图

13.5　小结与建议

基于合理假设进行问题简化是一种常见的分析方法,合理假设的设定很大程度上基于量级估计,即评估不同因素对问题影响的程度。

本章挑选了部分在材料力学教学过程中可以使用量级估计说明简化假设的实例,多与变形量相对大小有关,最终的结论往往表达为杆件不同方向尺寸的差异和小变形条件下变形量的大小,从而以另一个角度审视材料力学以杆件作为研究对象的目的:正是基于不同方向几何尺寸的差异,应力与变形的分析过程得到了极大的简化,使材料力学分析方法有别于弹性力学成为相对独立的模式。

量级估计不仅仅用于理论分析,该方式在解决工程实际问题中更为重要。事实上,工程实践中最能体现科技人员素质之处在于解决非常规的问题与状况,例如现有的分析软件或实验设备不具备完全对应的功能,此时需要科技人员基于量级估计的方法衡量影响因素的作用进行问题转化,充分利用现有技术手段解决非常规问题,这也是培养学生解决复杂系统工程问题能力的重要方面。

本章涉及学生能力培养体系的指标点如表 13.1 所列。

表 13.1　本章涉及学生能力培养体系的指标点

能　　力	对应指标点
1 工程推理和解决问题的能力	1.1 发现问题和系统地表述问题 1.2 建模 1.3 估计与定性分析 1.5 解决方法与建议

续表 13.1

能　力	对应指标点
2 实验和发现知识	2.1 建立假设
3 系统思维	3.1 全方位的思维 3.3 确定主次与重点 3.4 解决问题时的妥协、判断与平衡
4 个人能力和态度	4.3 创造性思维 4.4 批判性思维

第14章　平面问题转轴公式适用性的讨论

平面应力(应变)转轴公式是材料力学应力(应变)分析部分的主体内容,尽管转轴公式基于特定的应力(应变)状态导出,但在后续的应用,包括例题与习题中的引用并没有限定于平面应力(应变)状态。为了澄清学生常见疑惑,本章使用简洁的理论推导方式对该问题进行说明,供教师教学时参考。

14.1　目的与意义

应力应变状态分析是材料力学课程(包括后续固体力学多门课程)的重要内容之一,其中广为熟知,也是占据绝大部分教材篇幅的教学内容是平面问题的应力与应变转轴公式推导及应用。

在材料力学课程体系中,应力应变状态分析是强度理论的基础,其核心是找寻复杂应力应变状态的特征参量,即获取具有代表性、数量最少的表征参数描述复杂应力应变状态。为了展示分析思路,采用平面问题的模型无论在图形绘制清晰度还是在推导过程简洁性方面都是不错的选择,当然,工程中也有大量实际问题的确满足平面问题的特征。

在固体力学领域,所有的教师都熟知平面问题分为平面应力问题与平面应变问题,也有工程形象化的称谓——前者被称为薄板问题,后者被称为水坝问题。两种平面问题的示意图如图 14.1 所示,其基本特征表达式分别为式(14.1)与式(14.2)。

平面应力状态： $\qquad\qquad \sigma_z = \tau_{yz} = \tau_{zx} = 0$ $\qquad\qquad$ (14.1)

平面应变状态： $\qquad\qquad \varepsilon_z = \gamma_{yz} = \gamma_{zx} = 0$ $\qquad\qquad$ (14.2)

该部分容易引发学生疑惑的部分出现在转轴公式的典型应用,例如利用纯剪状态推导各向同性材料弹性模量 E、剪切模量 G 与泊松比 μ 的关系(见图 14.2),这几乎是所有材料力学教材中都会出现的例题[1-3,5],该问题的证明过程一般会同时使用应变转轴公式与广义胡克定律：

$$\varepsilon_{45°} = \frac{\varepsilon_x + \varepsilon_y}{2} + \frac{\varepsilon_x - \varepsilon_y}{2} \cos 90° - \frac{\gamma_{xy}}{2} \sin 90° = -\frac{\gamma_{xy}}{2} = -\frac{\tau}{2G} \quad (14.3)$$

$$\varepsilon_{45°} = \frac{1}{E}(\sigma_{45°} - \mu\sigma_{135°}) = \frac{1}{E}(-\tau - \mu\tau) = -\frac{(1+\mu)}{E}\tau \quad (14.4)$$

联立求解可得

$$G = \frac{E}{2(1+\mu)} \quad (14.5)$$

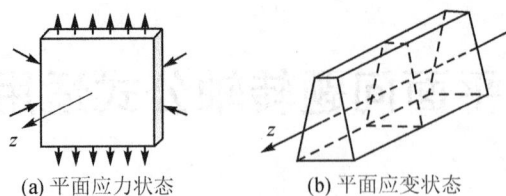

(a) 平面应力状态   (b) 平面应变状态

图 14.1　平面问题示意图

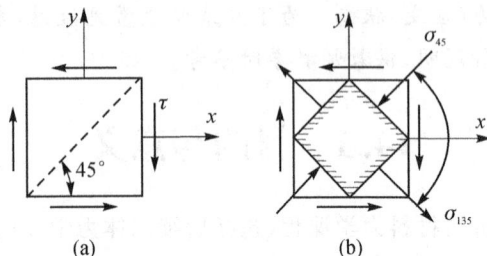

(a)   (b)

图 14.2　纯剪状态与应力应变分析

其中值得探究的问题是：图 14.2 所示的纯剪状态很明显是平面应力状态,但推导过程中式(14.3)使用了平面应变状态的应变转轴公式,由平面应变状态获得的应变转轴公式是否可用于平面应力问题? 与之对应的问题是由平面应力状态获得的应力转轴公式是否可用于平面应变问题?

　　除此之外,在材料力学教学实验与工程结构变形实测中,使用应变花测量物体表面的应变状态是电测法的基本模式。被测对象中处于平面应力状态的不在少数,特别是航空航天领域的结构基本全是薄板,一般情况下均处于平面应力状态,但使用应变花获得测试点应变状态是基于由平面应变状态推导得到的应变转轴公式。

　　这个问题之所以容易引发学生疑惑,主要原因在于教师讲解平面问题两种转轴公式之前,都会着重论述平面应力状态与平面应变状态是完全不同的两种状态,往往还会使用式(14.1)与式(14.2)结合图 14.1 进行比较,而后期使用转轴公式时基本没有阐述"跨域"使用的原因。

14.2　不同平面问题转轴公式的适用性

　　理论上,转轴公式是应力(应变)分量在不同坐标系下的转换关系(弹性力学的表述),或者某一点不同方位应力(应变)的表征(材料力学的表述),这种转换关系或表征并不依赖于具体的应力(应变)状态。尽管转换关系总是成立的,但转换关系的具体表达式(例如转换矩阵中的系数)是否依赖于应力(应变)状态? 换言之,处于平面应力(应变)状态下不同方位的应变(应力)之间一定有关联,但这种关系是否满足平面应变(应力)状态下得到的应变(应力)转轴公式? 这是本章希望澄清的问题。

14.2.1　从平面应力到平面应变

首先证明,由平面应力状态获得的应力转轴公式是否适用于平面应变状态。

对于平面应变状态,由其应变特征(式 14.2)和广义胡克定律(考虑到材料力学教学内容,以下讨论中使用各向同性材料的广义胡克定理,不涉及各向异性材料应力应变关系转换)

$$\begin{cases} \varepsilon_x = \dfrac{1}{E}\left(\sigma_x - \mu\sigma_y - \mu\sigma_z\right), & \gamma_{xy} = \dfrac{1}{G}\tau_{xy} \\[2mm] \varepsilon_y = \dfrac{1}{E}\left(\sigma_y - \mu\sigma_z - \mu\sigma_x\right), & \gamma_{yz} = \dfrac{1}{G}\tau_{yz} \\[2mm] \varepsilon_z = \dfrac{1}{E}\left(\sigma_z - \mu\sigma_x - \mu\sigma_y\right), & \gamma_{zx} = \dfrac{1}{G}\tau_{zx} \end{cases} \tag{14.6}$$

可知 $\sigma_z = \mu(\sigma_x + \sigma_y)$,$\tau_{yz} = \tau_{zx} = 0$,一般情况下其微体的应力状态如图 14.3 所示,类似图像经常出现在求解主应力的例题与习题中,唯一的差异是 σ_z 并不是任意取值,其与 σ_x 和 σ_y 保持特定的关系。但这种差异并不影响针对该微体的平衡分析方法:在任意平行于 z 轴的剖面(图 14.3(b)中 α 面)获取的微体力平衡分析中,z 向的力平衡自动满足,且不参与 $x-y$ 面内的力平衡分析,即 σ_z 是否为零与应力转轴公式的推导过程无关。所以结论很清晰:由平面应力状态下推导的应力转轴公式可以用于平面应变状态,公式形式无需修改。

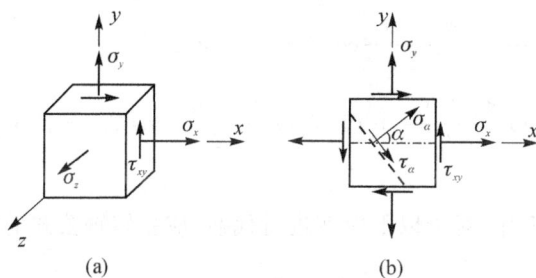

图 14.3　平面应变状态的微体应力分析示意图

14.2.2　从平面应变到平面应力

其次证明,由平面应变状态获得的应变转轴公式是否可用于平面应力状态。

比较平面应力微体与平面应变微体,面内应变的差异在于 σ_z 对 ε_x 与 ε_y 的影响,平面应变问题中

$$\varepsilon_x = \frac{1}{E}\left(\sigma_x - \mu\sigma_y - \mu\sigma_z\right) = \frac{1}{E}\left[\sigma_x - \mu\sigma_y - \mu^2\left(\sigma_x + \sigma_y\right)\right]$$

$$= \frac{1-\mu^2}{E}\left(\sigma_x - \frac{\mu}{1-\mu}\sigma_y\right) \tag{14.7}$$

同理可得

$$\varepsilon_y = \frac{1-\mu^2}{E}\left(\sigma_y - \frac{\mu}{1-\mu}\sigma_x\right), \quad \gamma_{xy} = \frac{\tau_{xy}}{G} = \frac{2(1+\mu)}{E}\tau_{xy} \tag{14.8}$$

对于平面应力问题

$$\varepsilon_x = \frac{1}{E}(\sigma_x - \mu\sigma_y), \quad \varepsilon_y = \frac{1}{E}(\sigma_y - \mu\sigma_x), \quad \gamma_{xy} = \frac{\tau_{xy}}{G} = \frac{2(1+\mu)}{E}\tau_{xy}$$

$$\tag{14.9}$$

如果进行材料参数替换:$E \rightarrow \dfrac{E}{1-\mu^2}$,$\mu \rightarrow \dfrac{\mu}{1-\mu}$,平面应力问题与平面应变问题的应力应变关系的形式完全一致,这是弹性力学中常规教学内容。

关于应变转轴公式的适用范围,材料力学经典教材均有以下或类似的描述:"应变分析建立在几何关系的基础上,因此所得各结论适用于任何小变形问题,而与材料的力学性能无关"[3]。换言之,材料弹性模量和泊松比的具体数值并不影响转轴公式的具体形式,所以在平面应变状态下推导的应变转轴公式应该可以用于平面应力状态。

也许部分读者认为以上的论述不够直观,这里给出一个推导过程,在平面应力状态下根据广义胡克定律与平面应力转轴公式(采用材料力学正负号模式),可得

$$\begin{aligned}\varepsilon_\alpha &= \frac{1}{E}(\sigma_\alpha - \mu\sigma_{\alpha+\frac{\pi}{2}}) = \frac{1}{E}\left(\frac{\sigma_x+\sigma_y}{2} + \frac{\sigma_x-\sigma_y}{2}\cos 2\alpha - \tau_{xy}\sin 2\alpha\right) - \\ &\quad \frac{\mu}{E}\left(\frac{\sigma_x+\sigma_y}{2} - \frac{\sigma_x-\sigma_y}{2}\cos 2\alpha + \tau_{xy}\sin 2\alpha\right) \\ &= \frac{1}{E}\left[(1-\mu)\frac{\sigma_x+\sigma_y}{2} + (1+\mu)\frac{\sigma_x-\sigma_y}{2}\cos 2\alpha - (1+\mu)\tau_{xy}\sin 2\alpha\right]\end{aligned}$$

$$\tag{14.10}$$

同样使用广义胡克定律,对于以下应变进行代换(应变转轴公式的应变组合形式):

$$\begin{aligned}&\frac{\varepsilon_x+\varepsilon_y}{2} + \frac{\varepsilon_x-\varepsilon_y}{2}\cos 2\alpha - \frac{\gamma_{xy}}{2}\sin 2\alpha \\ &= \frac{1}{2E}(\sigma_x - \mu\sigma_y + \sigma_y - \mu\sigma_x) + \frac{1}{2E}(\sigma_x - \mu\sigma_y - \sigma_y + \mu\sigma_x)\cos 2\alpha - \\ &\quad \frac{(1+\mu)}{E}\tau_{xy}\sin 2\alpha \\ &= \frac{1-\mu}{E}\frac{(\sigma_x+\sigma_y)}{2} + \frac{1+\mu}{E}\frac{(\sigma_x-\sigma_y)}{2}\cos 2\alpha - \frac{(1+\mu)}{E}\tau_{xy}\sin 2\alpha \\ &= \frac{1}{E}\left[(1-\mu)\frac{(\sigma_x+\sigma_y)}{2} + (1+\mu)\frac{(\sigma_x-\sigma_y)}{2}\cos 2\alpha - (1+\mu)\tau_{xy}\sin 2\alpha\right]\end{aligned}$$

$$\tag{14.11}$$

比较式(14.10)与式(14.11),可得

$$\varepsilon_\alpha = \frac{\varepsilon_x + \varepsilon_y}{2} + \frac{\varepsilon_x - \varepsilon_y}{2}\cos 2\alpha - \frac{\gamma_{xy}}{2}\sin 2\alpha \tag{14.12}$$

由以上推导可知,在平面应力状态下,面内任意一点不同方位的应变表达形式与平面应变状态下获得的转轴公式完全一致。

事实上,基于平面应变状态推导应变转轴公式,国内经典教材有不同的描述,例如刘鸿文教授主编的教材[2]中明确指出:"这里所指的平面应变状态,其实是平面应力所对应的应变状态。它与弹性力学中习惯上所说的平面应变并不完全相同,因为弹性力学中的平面应变要求 $\varepsilon_z = \gamma_{yz} = \gamma_{zx} = 0$"。而单辉祖教授主编的教材[3]中对于所研究的平面应变状态定义为:"当构件内一点处的变形均发生在同一平面时,则称该点处于平面应变状态"。该描述与弹性力学的平面应变定义一致。从教学的角度看,刘鸿文教授采用平面应力状态推导应变转轴公式也是不错的方法,因为材料力学教材中涉及的平面问题(例题与习题)均为平面应力问题,如果应力应变的转轴公式均基于平面应力状态,学生在学习时不会有适用范围的疑惑。当然,如果应变转轴公式基于平面应力状态导出,则在弹性力学标准的平面应变状态下,其形式的一致性仍然可用上述方法证明:在平面应变状态下,根据广义胡克定律与应力转轴公式(前面已经证明应力转轴公式可用于平面应变状态)

$$\begin{aligned}
\varepsilon_\alpha &= \frac{1-\mu^2}{E}\left(\sigma_\alpha - \frac{\mu}{1-\mu}\sigma_{\alpha+\frac{\pi}{2}}\right) \\
&= \frac{1-\mu^2}{E}\left(\frac{\sigma_x + \sigma_y}{2} + \frac{\sigma_x - \sigma_y}{2}\cos 2\alpha - \tau_{xy}\sin 2\alpha\right) - \\
&\quad \frac{1-\mu^2}{E}\frac{\mu}{1-\mu}\left(\frac{\sigma_x + \sigma_y}{2} - \frac{\sigma_x - \sigma_y}{2}\cos 2\alpha + \tau_{xy}\sin 2\alpha\right) \\
&= \frac{1-\mu^2}{E}\left(\frac{1-2\mu}{1-\mu}\frac{\sigma_x + \sigma_y}{2} + \frac{1}{1-\mu}\frac{\sigma_x - \sigma_y}{2}\cos 2\alpha - \frac{1}{1-\mu}\tau_{xy}\sin 2\alpha\right)
\end{aligned} \tag{14.13}$$

$$\begin{aligned}
&\frac{\varepsilon_x + \varepsilon_y}{2} + \frac{\varepsilon_x - \varepsilon_y}{2}\cos 2\alpha - \frac{\gamma_{xy}}{2}\sin 2\alpha \\
&= \frac{1-\mu^2}{E}\frac{1-2\mu}{1-\mu}\frac{(\sigma_x + \sigma_y)}{2} + \frac{1-\mu^2}{E}\frac{1}{1-\mu}\frac{(\sigma_x - \sigma_y)}{2}\cos 2\alpha - \\
&\quad \frac{(1+\mu)}{E}\tau_{xy}\sin 2\alpha \\
&= \frac{1-\mu^2}{E}\left[\frac{1-2\mu}{1-\mu}\frac{(\sigma_x + \sigma_y)}{2} + \frac{1}{1-\mu}\frac{(\sigma_x - \sigma_y)}{2}\cos 2\alpha - \frac{1}{(1-\mu)}\tau_{xy}\sin 2\alpha\right]
\end{aligned} \tag{14.14}$$

同样比较式(14.13)与式(14.14),可得

$$\varepsilon_\alpha = \frac{\varepsilon_x + \varepsilon_y}{2} + \frac{\varepsilon_x - \varepsilon_y}{2}\cos 2\alpha - \frac{\gamma_{xy}}{2}\sin 2\alpha \tag{14.15}$$

即二者的表达形式完全一致。

14.3 从平面问题到空间问题

更进一步的问题是:对于所有复杂应力状态,平面转轴公式是否可用? 当然,这里的转动还是限定于绕 z 轴,即剖面平行于 z 轴的应力应变表达。对于图 14.4 中平行于 z 轴的任意剖面,其外法线与 x 轴夹角为 α,下面研究该方位的正应力与切应力。

以 α 面正应力 σ_α 为例,在 α 面外法矢方向的力平衡中(见图 14.4(b)),z 方向的应力所组成的内力不参与,包括 z 面的 σ_z、x 面的 τ_{xz} 与 y 面的 τ_{yz};另外 z 面正向与 z 面负向的 τ_{zx} 和 τ_{zy} 所组成的内力相互抵消也不出现在力平衡方程中,以上的情况对于面内切应力 $\tau_{\alpha t}$ 完全相同。以上分析表明该方向平衡方程的形式与平面应力模型完全一致,所以,平面应力状态下推导出的应力转轴公式可表征任意应力状态下平行于面外轴线剖面上的应力。

如果授课教师已经讲述过应力张量(应变张量)的坐标分量变换公式:

$$
\begin{bmatrix} \sigma_\alpha & \tau_{t\alpha} & \tau_{r\alpha} \\ \tau_{\alpha t} & \sigma_t & \tau_{rt} \\ \tau_{\alpha r} & \tau_{tr} & \sigma_r \end{bmatrix} = \begin{bmatrix} \alpha_x & \alpha_y & \alpha_z \\ t_x & t_y & t_z \\ r_x & r_y & r_z \end{bmatrix} \begin{bmatrix} \sigma_x & \tau_{yx} & \tau_{zx} \\ \tau_{xy} & \sigma_y & \tau_{zy} \\ \tau_{xz} & \tau_{yz} & \sigma_z \end{bmatrix} \begin{bmatrix} \alpha_x & t_x & r_x \\ \alpha_y & t_y & r_y \\ \alpha_z & t_z & r_z \end{bmatrix} \tag{14.16}
$$

对于平行于 z 轴的任意剖面,$\alpha_x = \cos\alpha$,$\alpha_y = \sin\alpha$,$\alpha_z = 0$,$t_x = -\sin\alpha$,$t_y = \cos\alpha$,$t_z = 0$,$r_x = r_y = 0$,$r_z = 1$,代入式(14.16)可以获得与平面应力状态完全一致的转轴公式,例如 σ_α 表达式为(应力张量转换使用弹性力学的正负号规则,所以表达式中切应力前符号为正)

$$
\sigma_\alpha = \frac{\sigma_x + \sigma_y}{2} + \frac{\sigma_x - \sigma_y}{2} \cos 2\alpha + \tau_{xy} \sin 2\alpha \tag{14.17}
$$

按照完全类似的方式,同样可以说明应变转轴公式的适用性,这里不再赘述。

14.4 小结与建议

转轴公式表征不同方位物理量之间的转换关系,理论上,无论基于力平衡的应力分量转换,还是基于小变形下几何关系的应变分量转换,均与材料性能无关,也与应力应变状态无关。为了推导过程的简洁与分析图像的清晰,材料力学教材中使用平面应力(应变)状态推导应力(应变)转轴公式是十分自然的,但是这种转换关系的具体形式,例如基于平面应力(应变)状态的应力(应变)转轴公式,能否涵盖所有应力(应变)状态,特别是材料力学教材中例题与习题经常出现的应力(应变)状态,这是本章解决的问题。

本章针对绕 z 轴(面外方向)的转动情况,通过简单的转换分析,说明:

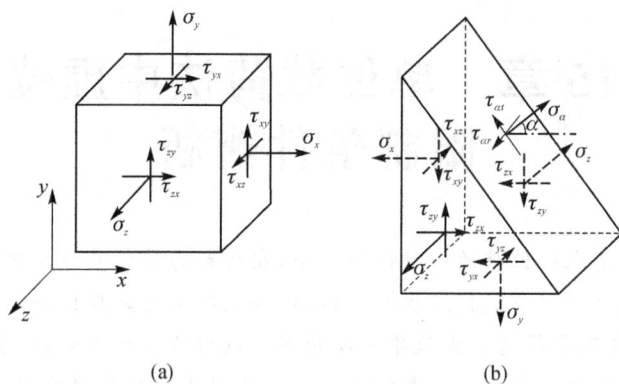

(a)　　　　　　　　　　　　　　(b)

图 14.4　复杂应力状态微体与平行于 z 轴任意剖面应力分析示意图(局部放大)

① 由平面应力状态获得的应力转轴公式可用于平面应变状态(也适用于一般性的复杂应力状态);

② 由平面应变状态获得的应变转轴公式可用于平面应力状态(也适用于一般性的复杂应变状态)。

对于涉及该问题的教学有以下两点建议:

① 如果考虑到本科学生的力学理论基础(特别是非力学专业本科学生),可以使用刘鸿文教授主编的教材的模式,即应力与应变转轴公式均基于平面应力状态推导,避免在公式使用过程中引入适用性问题;

② 如果教学中仅出现纯剪状态的例题分析,使用应力应变关系可以说明纯剪状态既是平面应力状态,也是平面应变状态,也可避免有关公式适用性的讨论。

本章涉及学生能力培养体系的指标点如表 14.1 所列。

表 14.1　本章涉及学生能力培养体系的指标点

能　力	对应指标点
1 工程推理和解决问题的能力	1.1 发现问题和系统地表述问题 1.2 建模 1.3 估计与定性分析 1.5 解决方法与建议
2 实验和发现知识	2.1 建立假设
3 系统思维	3.1 全方位的思维 3.2 系统的显现和交互作用
4 个人能力和态度	4.2 执着与变通 4.3 创造性思维 4.4 批判性思维

第 15 章　单位载荷法中虚位移
限制条件辨析

单位载荷法是求解位移的一种通用方法,在材料力学能量方法中占据重要地位。使用虚位移模式表述单位载荷方法时,满足位移边界条件是虚位移的主要限制条件。在静不定问题、特别是带有自由边界条件的单位载荷状态构造时,对于该限制条件的理解决定了使用单位载荷方法的灵活性。本章使用几个经典例题剖析该限制条件的内涵,为教学活动中解释相关问题提供参考。

15.1　目的与意义

作为一种计算位移的一般性方法,基于变形体虚功原理的单位载荷法是材料力学的重点教学内容,甚至静不定问题、对称/反对称问题、冲击问题都可以视为单位载荷法的应用。

变形体虚功原理常表述为虚力原理和虚位移原理两种模式,在材料力学教学内容中,克罗蒂-恩盖塞定理(Crotti - Engesser)、卡氏第二定理(Castigliano)、单位载荷法(Unit - load)的推导基于虚力原理;卡氏第一定理的推导基于虚位移原理。但多数材料力学教科书(包括工程力学教材中材料力学部分)中不涉及余功和余能概念[2,5,8],或者新版教材中删去余功和余能的部分[3],造成与虚力原理相关的余虚功(包括内余虚功和外余虚功)无法引入,后续也就不能基于虚力原理推导以上定理和方法。目前大部分教材的处理方案是:删去克罗蒂-恩盖塞定理,适用于线弹性条件的卡氏第二定理使用交换加载次序或引用功的互等定理加以证明,而单位载荷法使用虚位移原理的相关概念进行描述(孙训方教授的教材[1]保留了余功和余能部分,但单位载荷法仍使用虚位移原理的模式引入)。

这种基于虚位移原理讲授单位载荷法的间接模式,加上虚位移定义的限制,导致讲授中的重点(也是后续例题讲解中的难点)是:"以实际载荷引起的位移作为单位力系统的虚位移[1-3,8]",对该问题的理解与延拓不仅涉及单位载荷状态的选取与构造,还决定了学生使用单位载荷法解决问题的灵活性,为此本章利用教材中经典例题展示其中的细节与关联,供教师讲解时参考。

15.2　单位载荷法中虚位移的定义

材料力学中变形体虚功原理表述为[3]:作用在杆或杆系结构的外力在虚位移上

所做外虚功 W_e 恒等于可能内力在虚变形上所做内虚功 W_i，即 $W_e=W_i$。很明显，以上表述是典型的虚位移模式。

应用虚功原理的条件如下：

① 所研究的力系（外力与内力）必须满足平衡条件与静力边界条件；

② 所选择的虚位移是微小的，满足变形连续条件与位移边界条件。

在虚位移模式的单位载荷法表述中：满足位移边界条件与变形连续条件的任意微小位移，均可视为虚位移。因此，由实际载荷引起的位移也可作为虚位移。

为了方便后续问题的讨论，此处使用如图 15.1 所示结构作为范例，为了求出图 15.1 中 B 点转角，在 B 点施加单位力矩构造了单位载荷状态（见图 15.2）。

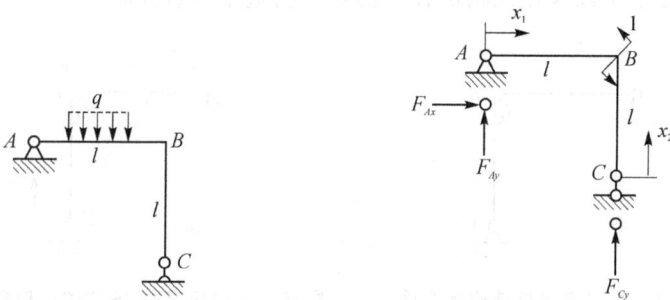

图 15.1　静定梁架结构示意图　　图 15.2　对应于图 15.1 的单位载荷状态

使用图 15.1 所示结构的真实位移作为图 15.2 所示单位载荷状态的虚位移，单位载荷状态对应的虚功方程为（注：本章实例中结构材料满足线弹性假设，忽略剪切与拉压应变能）

$$1 \times \theta_B = \sum_{i=1}^{2} \int_0^l \bar{M}(x_i) \frac{M(x_i)}{EI} \mathrm{d}x_i \tag{15.1}$$

其中，$M(x_i)$ 与 $\bar{M}(x_i)$ 分别为原始系统（图 15.1 所示结构）与单位载荷状态（图 15.2 所示结构）各段梁内的弯矩方程（在本章中由单位载荷引入的约束外力与内力均采用符号上方的横线表征）。

此处详细列出虚功方程的目的是说明：理论上，式（15.1）等号左侧的外力虚功除单位载荷引起的 $1 \times \theta_B$ 外，还包含 A 点与 C 点的约束反力引入的外力虚功，所以外力总虚功为

$$W_e = 1 \times \theta_B + \bar{F}_{Ax} \times H_A + \bar{F}_{Ay} \times V_A + \bar{F}_{Cy} \times V_C \tag{15.2}$$

其中，等号右端后三项未在式（15.1）所示虚功方程中出现的原因是 $H_A=V_A=V_C=0$，H_i 与 V_i 分别表示 i 点的水平与垂直位移。

可以看出，此处要求虚位移满足边界条件等价于除单位载荷所引入的外力虚功外，其他所有与单位载荷相关的约束反力造成的外力虚功为零。

15.3　静不定结构单位载荷状态的构造

对于如图 15.1 所示的静定结构,单位载荷状态的构造具有简单性和唯一性。当使用单位载荷法求解静不定结构中某点位移时,可以使用静不定结构的任一静定基构造单位载荷状态。以图 15.3 所示静不定结构为例,同样求解 B 点的转角,按照 15.2 节的方法构造的单位载荷状态应为图 15.4 所示,但基于图 15.4 所示结构进行分析需要重复求解静不定问题,造成计算烦琐。一种解决的方案是将单位载荷施加于原结构的任一静定基上(例如图 15.2 所示静定基上的单位载荷状态),课堂讲解的重点在于:为什么可以采用结构的任一静定基构造单位载荷状态?

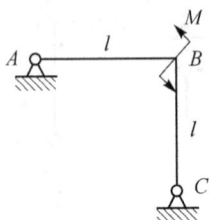

图 15.3　静不定梁架结构示意图　　图 15.4　对应于图 15.3 的单位载荷状态

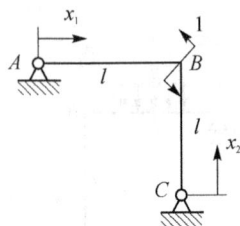

由于教材中单位载荷法基于虚位移模式,按照虚位移的定义,问题转化为:实际载荷下的位移(真实位移)是否可以作为基于静不定结构任一静定基构造的单位载荷状态的虚位移?

图 15.3 所示结构的真实位移一定可以作为图 15.4 所示单位载荷状态的虚位移,因为二者边界条件完全一致。尽管图 15.2(静不定结构某一静定基构造的单位载荷状态)所示系统的边界条件与原始结构不同,但其一定弱于原始系统,具体而言:

➤ 图 15.2 所示基于静定基的单位载荷状态要求的虚位移满足:

A 点:水平位移 $H_A=0$,垂直位移 $V_A=0$;

C 点:垂直位移 $V_C=0$。

➤ 图 15.3 所示原始系统在实际载荷下的真实位移满足:

A 点:水平位移 $H_A=0$,垂直位移 $V_A=0$;

C 点:水平位移 $H_C=0$,垂直位移 $V_C=0$。

即静不定结构在实际载荷作用下的真实位移可以作为基于任一静定基单位载荷状态的虚位移,原因在于静不定结构的边界条件一定多于其任一静定基的位移边界条件,所以前者位移解的集合是后者的子集。

针对该问题,单辉祖教授编写的教学参考书[26]中给出了一个详细证明,其基本思路是基于图 15.5(a)所示原始静不定结构的单位载荷状态(与图 15.4 完全相同)可以分解为图 15.5(b)(与图 15.2 完全相同)和图 15.5(c)两个载荷状态,可以证明

图 15.5(c)所对应的内力虚功为零,因此图 15.5(a)所示载荷状态与图 15.5(b)所示载荷状态的内力虚功相等,进而证明了采用基于静定基求解位移(见图 15.2(b))等价于在原始静不定结构上施加单位载荷(见图 15.5(a))求解位移。

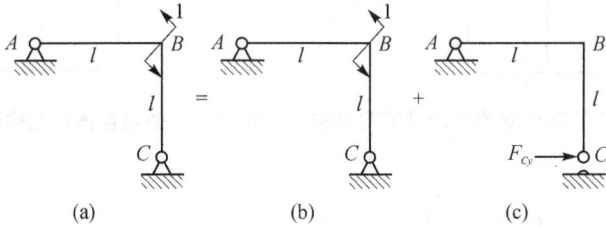

图 15.5　静不定系统单位载荷状态的分解

事实上,无需复杂公式推导过程,以实际载荷作用下的真实位移作为虚位移时,图 15.5(c)所示载荷状态所对应的内力虚功为零是显而易见的:F_{Cy} 对应的外力虚功一定等于零,因为 C 点实际的水平位移为零(当然,其他由 F_{Cy} 引入的约束反力所对应的外力虚功也为零),所以图 15.5(c)所示载荷状态所对应的内力虚功必定为零。

相对于简单直观的静定结构,阐述静不定结构单位载荷状态可以基于任一静定基构造的机理,关键在于说明静不定结构与其静定基在边界条件上的关系,即静不定结构的边界条件"强"于其任一静定基,所以静不定结构的位移可以作为其任一静定基的虚位移,但反之不成立。

15.4　具有对称性的无外部约束静不定结构单位载荷状态的构造

利用对称性简化静不定问题的分析在材料力学课程中归属于能量法的应用,其中典型例题讲解的难点在于无外部约束条件下对于部分结构的单位载荷状态的构造。以图 15.6 所示对称问题为例,除利用相对位移协调条件(此处利用相对位移协调条件 $\theta_{C^+/C^-}=0$)的整体结构单位载荷状态(见图 15.7)外,常常使用图 15.8(a)所示 1/2 结构或图 15.8(b)所示 1/4 结构构造单位载荷状态,这种构造方式可利用对称面的绝对位移条件。与 15.3 节中论述不同,此时真实位移(图 15.6 所示载荷状态的真实位移)并不严格满足图 15.8 所示单位载荷状态的边界条件($V_{C'}=0$),即真实位移中 C' 点垂直方向的位移不为零,如果根据前述虚位移的定义,则图 15.6 所示载荷状态的真实位移不能作为图 15.8 所示单位载荷状态的虚位移,此处基于虚位移的单位载荷法是否可用成为需要说明的问题。

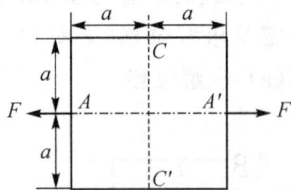

图 15.6　具有对称性无外部约束的静不定结构　　图 15.7　使用整体模型构造的单位载荷状态

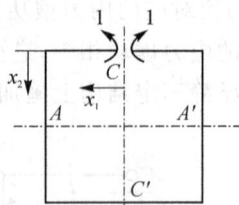

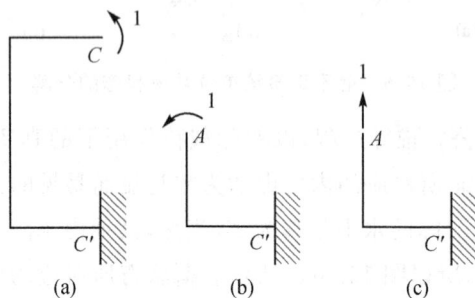

(a)　　　　　　　(b)　　　　　　　(c)

图 15.8　利用 1/2 结构或 1/4 结构构造单位载荷状态

　　如果材料力学教学过程采用虚力模式导入单位载荷法，这个问题容易解释，但是为了避免引入余功与余虚功的内容，教材中普遍采用虚位移模式导入单位载荷法，此时该问题就成为一个难点。尽管在教材的例题中已经避免出现图 15.8 所示的单位载荷状态，但在网上众多材料力学教案、各类习题解答、教学参考书和考研教辅资料中，采用这类模式构造单位载荷状态是主流，这会给认真思考的学生带来困惑。

　　理论上，满足位移边界条件只是虚位移定义中的限制条件，并不是虚功原理的要求：虚功原理中的力与位移（变形）并无直接或因果关联，针对力的要求是平衡，对于位移的要求是位移与变形对应协调，在此基础上外力虚功等于内力虚功。换言之，真实位移不满足单位载荷状态的位移边界条件，并不影响虚功方程的成立，但是该虚功方程是否有作用（是否可以解算获得待求位移）取决于单位载荷状态的构造。下面仍用上例列出具体表达式，以图 15.6 所示真实位移作为部分结构构造的单位载荷状态的虚位移（见图 15.8(a)），外力虚功为（内力虚功不再列出）

$$W_e = 1 \times \theta_C + \bar{M}_{C'} \times \theta_{C'} + \bar{F}_{NC'} \times H_{C'} + \bar{F}_{SC'} \times V_{C'} \tag{15.3}$$

其中，$\bar{M}_{C'}$、$\bar{F}_{NC'}$、$\bar{F}_{SC'}$ 分别为图 15.8(a) 中由 C 点单位力矩引入在 C' 点的约束反力（矩），$\theta_{C'}$、$H_{C'}$、$V_{C'}$ 分别为图 15.6 所示结构中 C' 点的真实位移。

　　尽管 $V_{C'} \neq 0$ 并不满足单位载荷状态的位移边界条件，但并不影响列写虚功表达式以及虚功方程的成立。进一步，如果外力虚功中除了 $1 \times \theta_C$ 以外还有其他项不为零，则该虚功方程对于问题求解没有作用（不能利用 C 点的已知位移求解静不定问题）。

对于图 15.8(a)所示的单位载荷状态,由于 C 点施加单位力矩,所以在 C' 点的 $\bar{F}_{SC'}$ 为零,尽管 $V_{C'} \neq 0$,但 $\bar{F}_{SC'} \times V_{C'} = 0$,这样就保证了 $W_e = 1 \times \theta_C$,所以利用对称性构造的这种单位载荷状态是可用的,如图 15.8(b)所示,用 1/4 结构构造的单位载荷状态也是基于同样的机理。但图 15.8(c)所示单位载荷状态是不可用的,原因在于尽管该载荷状态的虚功方程仍可列出,但 $\bar{F}_{SC'} \neq 0$,导致 $\bar{F}_{SC'} \times V_{C'} \neq 0$,此时 $W_e = 1 \times V_A + \bar{F}_{SC'} \times V_{C'}$,不能利用 A 点的已知位移 V_A 求解静不定问题。

以上的实例说明,真实位移满足单位载荷状态的边界条件并不是虚功原理的要求,只是为了保证虚功方程对于实际问题解算有用而设定的条件。如果真实位移完全满足单位载荷状态的边界条件,则对于单位载荷状态所施加单位载荷的类型没有任何限制条件,否则(真实位移不完全满足单位载荷状态的边界条件)需注意,施加的单位载荷不能引入不满足位移边界条件的位移所对应的约束力分量。

在对称性问题中,除此类构造固定边界模式外,还有一类不使用外部固定边界构造单位载荷状态的方法[33],其机理类似。例如图 15.9 所示结构,求解 A 点与 B 点的相对水平位移,采用了图 15.10 所示 1/2 结构构造单位载荷状态,为了保证该自由边界结构的力平衡,需要在结构上施加大小为 l 的力矩。如果仅仅考虑力平衡条件,大小为 l 的力矩可以施加在图 15.10 所示结构的任意一点上,但是如果考虑到使用单位载荷法能够求解出 A 点与 B 点相对水平位移,则该力矩应该施加的位置在 D 点(或 C 点),其原因在于:这两点的转角为零(对应图 15.9 所示结构的真实位移),这就保证了外力虚功中仅出现 $1 \times H_{A/B}$。

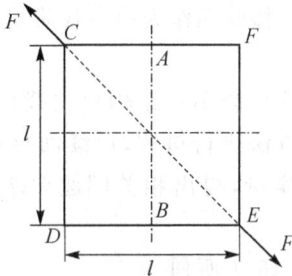

图 15.9　具有对称自由边界条件的
静不定结构[7]

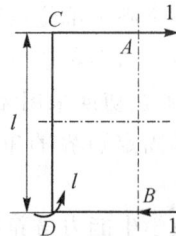

图 15.10　利用 1/2 结构构造
单位载荷状态

事实上,对于这种具有对称性、无外部约束、静不定结构单位载荷状态的构造,推荐采用不使用外部固定边界的构造方法,避免单位载荷状态构造中涉及虚位移满足边界条件的问题。回到图 15.6 所示结构,为了降低解算繁杂程度采用 1/2 或 1/4 结构,可以分别构造图 15.11(a)与图 15.11(b)所示的单位载荷状态,其中均不包含外部固定边界条件,其机理与上例完全一致,分别利用了 $\theta_C = \theta_{C'} = 0$ 和 $\theta_A = \theta_{C'} = 0$,更多细节此处不再赘述。

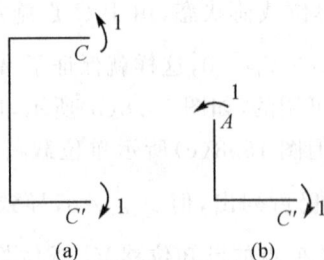

图 15.11　利用 1/2 与 1/4 结构构造无外部约束的单位载荷状态

15.5　小结与建议

基于虚功原理的单位载荷法在能量方法中占据重要地位,材料力学教学中静不定问题、对称反对称问题以及冲击问题在某种程度上可以看作单位载荷法的应用与外延。

大部分经典教材对于单位载荷法使用虚位移模式引入,讲解过程不可避免涉及虚位移必须满足位移边界条件的限制,深刻理解单位载荷状态构造的本质有助于灵活处理该限制条件。本章通过几个经典例题(包括静定结构、静不定结构、无外部约束的静不定结构),展示了虚功原理中力与位移(变形)并无直接关联,使用真实位移作为单位载荷状态的虚位移时,要求虚位移满足单位载荷状态边界条件的目的只是为了保证除单位载荷的外力虚功外,其他由约束力造成的外力虚功全部为零。所以,只要能保证约束反力的外力虚功均为零,真实位移就能作为单位载荷状态的虚位移,并不要求其完全满足单位载荷状态的边界条件。

为了避免给初学者造成混淆,对于无外部约束静不定结构单位载荷状态的构造问题,建议教师在初期采用无外部固定边界的方法进行讲解,后续回顾或者研讨,可以把构造外部固定边界的单位载荷状态作为实例,提出相关问题要求同学们进行探究。

本章涉及学生能力培养体系的指标点如表 15.1 所列。

表 15.1　本章涉及学生能力培养体系的指标点

能　力	对应指标点
1 工程推理和解决问题的能力	1.1 发现问题和系统地表述问题 1.2 建模 1.3 估计与定性分析 1.5 解决方法与建议

能　力	对应指标点
2 实验和发现知识	2.1 建立假设 2.4 假设检验与答辩
3 系统思维	3.1 全方位的思维 3.2 系统的显现和交互作用 3.4 解决问题时的妥协、判断和平衡
4 个人能力和态度	4.2 执着与变通 4.3 创造性思维 4.4 批判性思维

第 16 章　冲击问题中结构参数的影响

结构承受位于一定高度的重物无初速度释放的冲击响应是材料力学动应力部分的主体教学内容,由于冲击结构形式的多样性,特别是结构单独承受冲击与缓冲组合结构承受冲击两种模式的差异,故容易造成学生在规律理解上出现疑惑。本章通过几个经典例题剖析各组成部分的作用,结合基本公式的参数方次分析,为教学活动中解释相关问题提供参考。

16.1　目的与意义

材料力学以静力问题为主,动载问题以简化冲击问题为代表。冲击问题在材料力学中一般以能量方法的应用或扩展的方式出现,尽管其在教学内容中所占比例不高,但因为冲击问题代表载荷属性的一种典型模式,所以在分析方法与现象表征方面有其特色。

材料力学冲击问题的重点讲授内容是:位于高度 H 无初速度释放的重物冲击水平梁结构,分析梁结构的冲击响应(主要是位移与载荷),其基本公式为

$$\Delta_{\mathrm{d}} = \Delta_{\mathrm{st}}\left(1 + \sqrt{1 + \frac{2H}{\Delta_{\mathrm{st}}}}\right) = K_{\mathrm{d}}\Delta_{\mathrm{st}} \tag{16.1}$$

其中,Δ_{d}、Δ_{st} 与 K_{d} 分别为动态位移、静态位移和动荷因数。学生对于利用基本公式解算习题一般不存在问题,也能根据冲击响应随静态位移变化的规律判断相关结构的危险程度,其中核心理念是尽量降低结构刚度/增加静态位移,达到降低冲击响应的目的。

根据基本公式,以上的描述应该是正确的,但纵向比较时学生对于这种结论也存在疑惑之处:根据前期已经学习的知识或者直观感受,结构变形大对应着应变(应力)大,造成变形的外力也应该大,这与上面的结论似乎相悖。结合例题更为具体化的表述是:结构变形大对应着冲击物下降更多距离,则更多机械能转化为被冲击梁结构的应变能,为什么冲击造成的应力反而更小?

造成学生的疑惑有多方面原因,其中学生对于动态问题的理解和使用能量法分析问题的能力弱于静力学分析是重要原因,另外被冲击主结构与缓冲装置在讲述中分类不清也是一个原因。回答这类问题完全采用概述的方式效果不佳,本章试图基于常见的例题和习题做进一步的分析,让学生从数据比较中总结归纳,找到自我说服的逻辑。

为了契合学生对教学内容的熟悉程度,以下首先列举简单例题和习题并挖掘其

中的机理,然后通过一般性表达式进行定性与定量分析。

16.2　被冲击结构的支撑位置与刚度变化

16.2.1　缓冲结构在边界点支撑主结构

为了说明缓冲结构的效果,冲击问题中常用图 16.1(a)所示简支梁与图 16.1(b)所示弹簧支撑梁两种模型进行比较,二者均中点承受重物冲击[1,3],图中梁 AB 的弹性模量 E、长度 l、矩形截面 $h \times b$、重物重力 $F = mg$、重物与梁轴距离 H、支撑弹簧刚度 k 均已知。

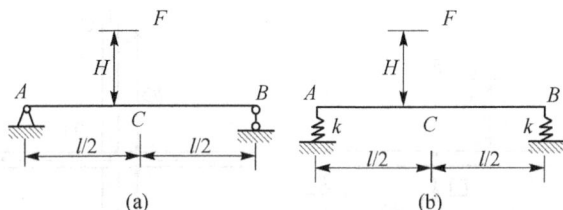

图 16.1　展示缓冲效果的典型例题

该例题的解算步骤很清晰,常见简洁模式为

① 梁 AB 中点竖直方向的静刚度 $k_1 = 48EI/l^3$,弹簧静表观刚度 $k_2 = 2k$;

② 对于图 16.1(a)所示简支状态

$$F(H + \Delta_{d1}) = \frac{1}{2}k_1\Delta_{d1}^2 \tag{16.2}$$

其中,$\Delta_{d1} = \Delta_{st1}(1 + \sqrt{1 + 2H/\Delta_{st1}})$ 为梁 AB 中点竖直方向最大动态位移,Δ_{st1} 为该点静态位移。

③ 对于图 16.1(b)所示弹簧支撑状态

$$F(H + \Delta_{d1}' + \Delta_{d2}) = \frac{1}{2}k_1\Delta_{d1}'^2 + \frac{1}{2}k_2\Delta_{d2}^2 \tag{16.3}$$

其中,Δ_{d1}' 是梁 AB 弹性变形导致中点最大竖直位移(与式(16.2)的 Δ_{d1} 有差异,因为冲击载荷不同),Δ_{d2} 为支撑弹簧的最大位移(变形)。

后续的解算过程与数据不再列出,对比式(16.2)与式(16.3),很明显后者(有弹簧支撑)的机械能损失多出一项 $F\Delta_{d2}$,除非支撑弹簧储存的弹性势能 $k_2\Delta_{d2}^2/2$ 大于由于弹簧带来的重物位置势能增量 $F\Delta_{d2}$,否则很难理解弹簧支撑的作用,因为有弹簧支撑后重物下降了更多高度,表征输入给系统的冲击能量增加了。由于

$$F\Delta_{d2} = k_2\Delta_{st2}\Delta_{d2}, \qquad \frac{1}{2}k_2\Delta_{d2}^2 = \frac{1}{2}k_2\Delta_{d2}\Delta_{d2} \tag{16.4}$$

所以只需证明 $2\Delta_{st2} < \Delta_{d2}$,事实上,该结论的成立很明显(教材中关于冲击动荷因数

讨论的要点):除非重物无高度无初速释放时 $\Delta_{d2}=2\Delta_{st2}$,否则 $\Delta_{d2}>2\Delta_{st2}$ 一定成立。

以上简单推导揭示的基本规律:无论支撑弹簧的刚度如何,只要支撑模式为"串联"方式,则弹簧吸收的能量大于由于弹簧出现引入的额外机械能增量,导致被冲击主结构(该例中的梁 AB)由于冲击造成的应变能与变形均减小,即图 16.1(b)所示状态相比图 16.1(a)所示状态,梁的变形更小($\Delta_{d1}>\Delta'_{d1}$)。

16.2.2 附加结构在冲击点支撑主结构

16.2.1 节中提及弹簧支撑的"串联"方式,为了解释其含义,这里列出另外一个常见习题[3](模型见图 16.2),原题一般有两种情况,这里只讨论 $\delta=0$ 即两根梁接触的情况,两根简支梁完全相同,各项参数均已知。

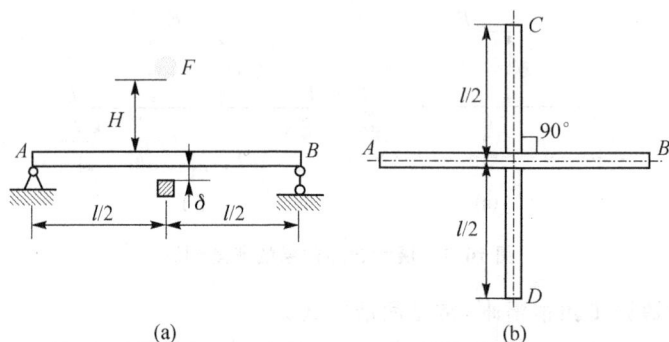

图 16.2 双梁组合冲击问题典型例题

这里比较两种模型:

① 模型一,简支梁 AB 和 CD 共同承受冲击;

梁 AB 和 CD 在冲击载荷作用下位移相同,其组合相当于等效弹簧"并联"方式,中点竖直方向表观刚度 $k_1=2k=96EI/l^3$,

$$F(H+\Delta_{d1})=\frac{1}{2}k_1\Delta_{d1}^2=\frac{1}{2}k\Delta_{d1}^2+\frac{1}{2}k\Delta_{d1}^2 \tag{16.5}$$

这种模式可看作梁 AB 和 CD 各自承担一半质量的冲击过程,或者直接看作简支梁 AB 单独承受 $mg/2$ 的冲击过程。

② 模型二,仅有简支梁 AB 承受冲击。

梁 AB 中点表观刚度 $k_2=k$,

$$F(H+\Delta_{d2})=\frac{1}{2}k_2\Delta_{d2}^2=\frac{1}{2}k\Delta_{d2}^2 \tag{16.6}$$

其中,$\Delta_{d2}=\dfrac{F}{k}\left(1+\sqrt{1+\dfrac{2Hk}{F}}\right)$,比较第一种模式中 $\Delta_{d1}=\dfrac{F}{2k}\left(1+\sqrt{1+\dfrac{4Hk}{F}}\right)$,得 $2\Delta_{d1}>\Delta_{d2}>\Delta_{d1}$。设 $\Delta'=\Delta_{d2}-\Delta_{d1}$,将式(16.6)改写为

$$F(H + \Delta_{d1} + \Delta') = \frac{1}{2}k(\Delta_{d1} + \Delta')^2 \qquad (16.7)$$

对比式(16.7)与式(16.5),加入梁 CD 的作用表述如下:

① 减小了机械能输入 $F\Delta'$,或减小了冲击能量;

② 分担了(吸收了)一部分机械能,分担部分与刚度成正比(此例中各自一半)。

16.2.3　两种附加结构缓冲模式的比较

16.2.1 节与 16.2.2 节中两个题目代表了利用附加缓冲结构减缓主结构受冲击的两种典型模式,以主结构单独承受冲击模型为比较的标准(图 16.1(a)和图 16.2 中的模型二):

① 边界点支撑模式(串联模式)降低了整体表观刚度,导致冲击输入能量增加(重物下降高度增大),但附加结构(图 16.1 中的弹簧)存储的应变能超过冲击输入能量的增量,所以主结构(图 16.1 中的梁 AB)的应变能减小了,换言之,附加缓冲结构后主结构变形是减小的(这一点与学生的直观感受不一样);

② 冲击点支撑模式(并联模式)提高了整体表观刚度,导致冲击输入能量减少(重物下降高度减小),而且附加结构按照刚度比例吸收了一部分应变能,所以主结构(图 16.2 中的梁 AB)的应变能减小,变形也小,这种现象与学生的直观感受是一致的。

③ 以上的分析显示冲击点支撑模式对于减缓冲击似乎更有效,但须注意这种模式提高了接触点的冲击载荷,其效果没有出现在以上分析中的原因在于材料力学对冲击问题进行了简化假设:不考虑弹性波传播与冲击接触面塑性变形问题,所以附加结构(梁 CD)直接分担一半载荷,实际情况下使用边界支撑模式更合理。

另外,如果希望课堂讲授内容更具层次性,可以在两种模式中分别展示附加结构刚度变化的效果并进行比较,例如:

① 当图 16.1 中弹簧刚度不断增大时,其极限状态是主结构(梁 AB)单独承受冲击(成为简支梁);当弹簧刚度逐步减小时,弹簧在冲击过程中吸收应变能的比例不断增大,极限情况是主结构不变形。

② 当图 16.2 中附加结构(梁 CD)的刚度不断减小时,其极限情况是主结构(梁 AB)单独承受冲击;当附加结构刚度增大时,在冲击过程中附加结构吸收应变能的比例增大,极限情况是主结构不变形(与图 16.1 所示模型的规律正好相反)。

16.2.4　主结构单独承受冲击

16.2.3 节中提及当附加结构刚度取极大(或极小值)时,问题转变为主结构单独受冲击。事实上冲击问题引入时分析模型就是这种类型,只是后续的例题和习题多数带有附加缓冲结构,削弱了这类问题的地位。

以 16.2.3 节的讨论为基础,很容易理解冲击问题中主结构(例如图 16.1(a)所

示梁 AB）刚度变化的效果，以应变能或外力功的视角，增加刚度就是在梁中心点添加等效刚度的梁 CD，减小刚度就是将梁分解为 AB 与 CD（舍去）。对于结构刚度减小的状态（刚度增大状态参照 16.2.3 节的结论不再赘述），参照应变能表达式

$$v_{\varepsilon,\mathrm{d}} = \frac{1}{2}F_{\mathrm{d}}\Delta_{\mathrm{d}} = \frac{1}{2}\frac{F^2}{k}\left(1 + \sqrt{1 + \frac{2H}{F}k}\right)^2 \tag{16.8}$$

或者应变能对结构刚度一阶导数

$$\frac{\partial v_{\varepsilon,\mathrm{d}}}{\partial k} = \frac{F^2}{k^2}\left(1 - \sqrt{1 + \frac{2H}{F}k}\right) \tag{16.9}$$

与具有附加缓冲结构模式相反，主结构单独承受冲击时，其应变能随结构刚度减小而单调增加，尽管与静态问题中应变能反比例于结构刚度有差异，但总趋势是反向非线性关系。

16.3　安全评估与合理设计

以上的讨论主要围绕结构的应变能展开，因为冲击问题在材料力学课程体系中更多作为能量方法的应用出现，但归根结底材料力学的基本任务是解决安全性与经济性的矛盾，所以在保证安全的前提条件下，合理设计是终极目标。

从带有缓冲结构的例题和习题中，学生获得一种"感受"：结构刚度越低、变形越大、冲击载荷越小，结构就越安全，这种结论是否全面？试想：纤细的梁受到冲击会不会破坏？

在静态问题的强度分析中，载荷为定值且与结构参数无关；而冲击问题中载荷与结构参数相关，其强度和刚度的分析模式及变化规律的展示有益于学生理解相关问题。

安全校核与合理设计的基础是应力、位移（变形）、载荷（关联接触应力与动态过程）的基本公式，为了便于理解与归类，这里首先对冲击问题中各项公式进行简化。尽管理论上静态位移 Δ_{st} 可以无限大，但对于实际工程问题，绝大部分情况下 H 远大于 Δ_{st}（物体或工具坠落等工程实例中前者一般在百毫米量级或以上，而后者往往小于 1 mm，甚至小于 0.1 mm），所以二者比值 $H/\Delta_{\mathrm{st}}\gg1$，在此基础上可以对各项公式的形式进行简化，例如 16.2.4 节中列出的应变能可近似为

$$v_{\varepsilon,\mathrm{d}} = \frac{1}{2}F\Delta_{\mathrm{st}}\left(1 + \sqrt{1 + 2H/\Delta_{\mathrm{st}}}\right)^2 = F\left(\Delta_{\mathrm{st}} + H + \sqrt{\Delta_{\mathrm{st}}^2 + 2H\Delta_{\mathrm{st}}}\right)$$

$$\approx F\left(H + \sqrt{2H\Delta_{\mathrm{st}}}\right) \approx FH \tag{16.10}$$

与之类似，基于 $H/\Delta_{\mathrm{st}}\gg1$ 给出位移、应变、应力、外力、应变能（外力功）对各项参数的方次关系（动态为近似关系，静态为精确表达）

$$\Delta_{\mathrm{d}} \approx f_{\Delta}^{\mathrm{d}}\left(F^{\frac{1}{2}}, H^{\frac{1}{2}}, E^{-\frac{1}{2}}, l^{\frac{3}{2}}, h^{-\frac{3}{2}}, b^{-\frac{1}{2}}\right) \tag{16.11a}$$

$$\Delta_{\rm st}=f_\Delta^{\rm st}(F,E^{-1},l^3,h^{-3},b^{-1})\tag{16.11b}$$

$$\varepsilon_{\rm d}\approx f_\varepsilon^{\rm d}(F^{\frac12},H^{\frac12},E^{-\frac12},l^{-\frac12},h^{-\frac12},b^{-\frac12})\tag{16.12a}$$

$$\varepsilon_{\rm st}=f_\varepsilon^{\rm st}(F,E^{-1},l,h^{-2},b^{-1})\tag{16.12b}$$

$$\sigma_{\rm d}\approx f_\sigma^{\rm d}(F^{\frac12},H^{\frac12},E^{\frac12},l^{-\frac12},h^{-\frac12},b^{-\frac12})\tag{16.13a}$$

$$\sigma_{\rm st}=f_\sigma^{\rm st}(F,l,h^{-2},b^{-1})\tag{16.13b}$$

$$F_{\rm d}\approx f_F^{\rm d}(F^{\frac12},H^{\frac12},E^{\frac12},l^{-\frac32},h^{\frac32},b^{\frac12})\tag{16.14a}$$

$$F_{\rm st}=f_F^{\rm st}(F)\tag{16.14b}$$

$$v_{\varepsilon,{\rm d}}\approx f_{v_\varepsilon}^{\rm d}(F,H)\tag{16.15a}$$

$$v_{\varepsilon,{\rm st}}=f_{v_\varepsilon}^{\rm st}(F^2,E^{-1},l^3,h^{-3},b^{-1})\tag{16.15b}$$

通过静态与动态参数影响规律的比较可以看出，除了参数方次有变化，有些关系可能与过去的直观感受不同，例如在静态问题中应力、应变均与梁的长度呈正向比例关系，但在动态问题中属于反向关系；又如在静态问题中梁内应力与材料参数无关，但在动态问题中与材料参数 E 相关；另外在静态问题中刚度越大的结构存储应变能的能力越弱，但动态冲击问题中大部分情况（$H/\Delta_{\rm st}\gg1$）结构存储的应变能与材料特性及几何参数无关。

以上动态问题中当 $H\to0$ 时，位移、应力、应变与载荷的下极限是 2 倍静态值，应变能与外力功的下极限是 4 倍静态值，此处不再赘述。

以上的公式与讨论对于常规教学不是必须的，但针对材料力学主体任务——解决经济性与安全性矛盾而言，其中部分公式可以解答学生疑惑，例如式（16.13a）显示，为了保证应力小于许用值的强度条件，当已知 F、H、E、L 要求设计截面尺寸时，$A=h\times b$ 有确定的最小值，即梁的截面并不是越小越好——尽管基于降低动荷因子 $K_{\rm d}$ 的动机，希望截面面积 A 取更小值。所以，对于本节之初提出问题的结论是明确的：在冲击问题结构设计中应该减小结构刚度以降低冲击载荷，但截面尺寸的下限是保证动应力小于许用值。

更进一步，减小冲击载荷有助于延缓冲击过程、避免接触面产生严重的塑性变形（尽管在材料力学冲击部分没有涉及该方面的内容），所以结合式（16.13a）与式（16.14a），由于截面高度 h 与宽度 b 在动应力与动载荷中的地位不同，在保证 $A=h\times b$ 不变的同时，应该尽量降低 h。

事实上，关于这个问题在教材中弯曲梁强度合理设计部分有例证[3]：对于中点承受集中载荷的简支梁，可以使用等强设计方法确定其横截面几何尺寸，一种如图 16.3(a) 所示的等强截面设计是保持宽度 b 不变，只变化高度 h；另一种如图 16.3(b) 所示的等强截面设计正好相反，保持高度 h 不变，只变化宽度 b。工程实际中大量使用后一种，即变宽度模式，并且沿图 16.3(b) 中虚线分割后不焊不铆叠合组成看似变高度的等强度梁（见图 16.3(c)）。这样做的原因在于：图 16.3(c) 所示变宽度分割叠

合梁的最大惯性矩(单层厚度为 h,最厚处 n 层)

$$I_{\max} = n\,\frac{b_1 h^3}{12} \tag{16.16}$$

对比相同几何形状变高度梁的最大惯性矩

$$I'_{\max} = \frac{b_1(nh)^3}{12} = n^3\,\frac{b_1 h^3}{12} \tag{16.17}$$

二者比值为 $I'_{\max}/I_{\max} = n^2$,换言之这种变宽度分割叠加的模式在保证等强度设计的同时,极大降低了结构的弯曲刚度,有益于缓解冲击载荷,这就是广泛应用于车辆和机械设备的叠板弹簧(见图 16.4),这种模式与 16.2.3 节的附加缓冲结构有相通之处,而且其形式介于边界支撑与冲击点支撑之间。在讲解冲击问题基本原理与例题后,回顾以往的知识并进行扩展,对于学生加深知识理解、认知理论应用是一种较好的课程内容设计模式。

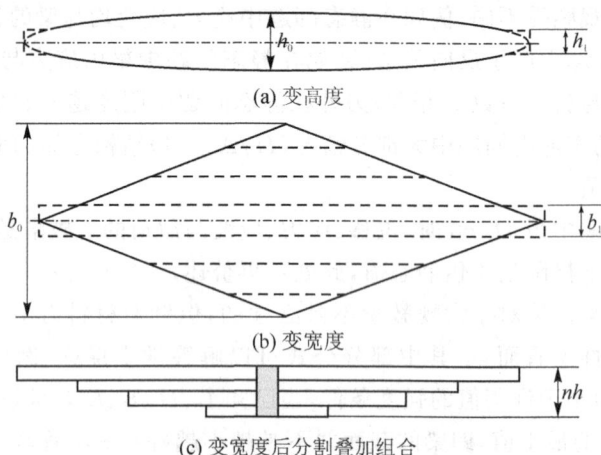

(a) 变高度

(b) 变宽度

(c) 变宽度后分割叠加组合

图 16.3　弯曲梁等强截面设计的不同模式

图 16.4　车用弹簧钢板位置安装图

另外,本节的讨论基于 $H/\Delta_{st} \gg 1$ 的假设,为了涵盖由于假设带来的范围缺失,这里利用教科书中例题的对应数据[3]进行变参数分析,图 16.5 与图 16.6 分别对应 H/Δ_{st} 与 E 的影响。其中,图 16.5 纵轴左侧为动荷因数 K_d 的标尺,纵轴右侧为归一化动态位移 $\Delta_d/(H^{\frac{1}{2}})$ 与应变能 v_ε(外力功)的标尺(采用 H/Δ_{st} 最大值对应的 $\Delta_d/(H^{\frac{1}{2}})$ 或 v_ε 进行归一化);图 16.6 横轴为使用最大值归一化的 E,纵轴右侧为 $\Delta_d \times E^{\frac{1}{2}}$ 或 v_ε,使用最大 E 对应量归一化($\Delta_d/(H^{\frac{1}{2}})$ 与 $\Delta_d \times E^{\frac{1}{2}}$ 的来历依据式(16.11a))。

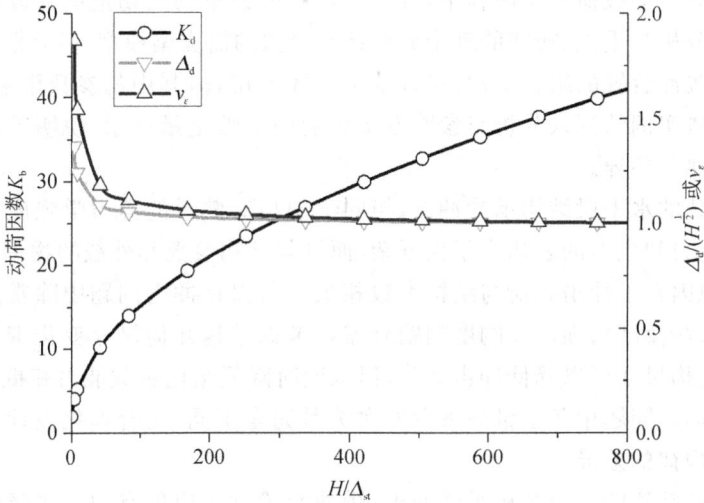

图 16.5　动态效果随 H/Δ_{st} 的变化

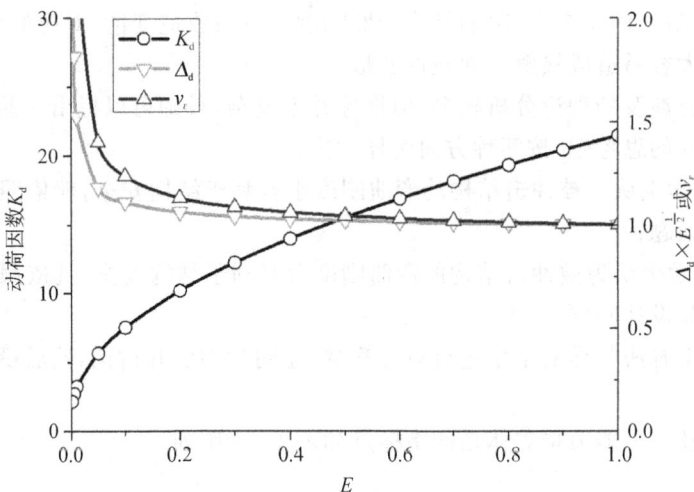

图 16.6　动态效果随 E 的变化

图中数据显示,对于冲击高度与结构刚度的大幅度变化范围,尽管对应的冲击动荷因数有明显变化,但 $\Delta_d/H^{\frac{1}{2}}$、$\Delta_d \times E^{\frac{1}{2}}$、$v_{\varepsilon}$ 的归一化数据在绝大部分范围非常接近 1,证明以上根据 $H/\Delta_{st} \gg 1$ 进行的简化分析具有广泛的适应性(σ_d 与 ε_d 有类似的规律不再列出)。

16.4　小结与建议

在材料力学动载荷教学内容中,位于一定高度的重物无初速度释放冲击水平梁结构的响应分析是重点,初期的理论分析针对单独的简支梁模型,但后期的例题和习题多为带有缓冲装置的组合结构,尽管基本公式通用,但其中的参数影响规律不同。本章通过经典实例的深入分析与参数方次影响的定性定量展示,说明了不同模型冲击响应的规律与差异。

对于单独的水平梁结构承受冲击,与同学们相对熟悉的静力学强度和刚度设计不同,结构应力和变形的表达式不仅复杂,而且与结构参数和外载的物理关系也显得不明晰,其原因在于冲击载荷与结构参数相关。所以在冲击问题中除常规的动荷系数计算之外,涉及结构强度和刚度问题时需要考虑结构几何尺寸变化带来两方面的影响:减小结构尺寸可以降低冲击载荷,但也同时降低结构承载能力和抵抗变形的能力。静态与动态问题中各参量的参数方次关系完全不同,在合理化设计时需要考虑静态与动态规律的差异。

带有缓冲装置的组合结构承受冲击,缓冲装置位于边界点的模式降低了整体表观刚度,冲击输入能量增加,但附加的缓冲结构存储的应变能超过冲击输入能量的增量,所以附加缓冲结构后主结构变形减小;当附加装置位于冲击点时,整体结构的刚度提高,冲击输入能量减少,附加结构按照刚度比例吸收应变能,对应的变形减小,但冲击载荷较大容易造成接触表面塑性变形。

这一部分涉及的理论分析较多,但推导并不复杂,教师可以提出一些围绕被冲击结构刚度设计的思考题,按两种方向引导学生:

① 如果学生认为被冲击结构的弯曲刚度小有利于结构安全,就依照应力公式提出强度设计问题;

② 如果学生认为被冲击结构的弯曲刚度大有利于结构安全,就依照动载荷公式提出冲击载荷设计问题。

挑选两组看法各异的学生进行对抗答辩,让同学们展开讨论,然后挑选素材进行讲解。

本章涉及学生能力培养体系的指标点如表 16.1 所列。

表 16.1　本章涉及学生能力培养体系的指标点

能　力	对应指标点
1 工程推理和解决问题的能力	1.1 发现问题和系统地表述问题 1.2 建模 1.3 估计与定性分析 1.5 解决方法与建议
2 实验和发现知识	2.1 建立假设 2.4 假设检验与答辩
3 系统思维	3.1 全方位的思维 3.2 系统的显现和交互作用 3.4 解决问题时的妥协、判断和平衡
4 个人能力和态度	4.2 执着与变通 4.3 创造性思维 4.4 批判性思维

第17章 高阶思维训练的课程内容设计

培养学生"高阶性"思维模式是一流课程建设的目的，具有一定"挑战度"的课程内容设计是该项工作的重点与难点。本章通过实例说明该类工作的特征，为相关课程建设的实施提供参考。

17.1 目的与意义

为了提高教学质量，2019 年开始在教育部持续推动下，一流课程（金课）建设成为全国高校教育教学改革的重点工作。作为一流课程的主要特征，"两性一度"（高阶性、创新性与挑战度）已经广泛出现在各级各类教学要求与制度中，其核心在于利用"创新性"的方法，通过具有"挑战度"的训练，达到培养"高阶性"思维的目的。

相比以记忆、理解与应用为特征的低阶思维模式，高阶思维模式（分析—评价—创造）体现在对问题的认知经历"盲目相信→众说纷纭→批判思维"的过程，最终建立基于自身理解的，对客观事物全面与深刻的认识。课程教学达成该目标的关键在于教学内容的设计——通过具有挑战性问题的教学内容与环节，引导学生全面思考与深入探究，逐步形成批判性思维模式。

对于理工科专业课程，尽管不同课程在性质与内容上不尽相同，但总体而言，通过相关内容的内在关联、假设条件的适用范围、问题的物理/数学本质引入问题与思考是可行的。

为了不偏离课程主体内容，并且考虑到受众比例，挑战性问题的课程内容设计需要满足：起点低、台阶小、空间大，这一点非常类似于各类电子游戏的设计。为了说明以上的思路，本章以材料力学课程教学的一个实例展示问题引导与启发过程。

17.2 原始问题与标准解答

挑战性问题相关课程内容设计的出发点最好基于教科书中例题、习题或某个问题的论述，这就是所谓的起点足够"低"。

在材料力学或弹性力学有关功（位移）的互等定理部分有如下或类似的习题[3,9]：

如图 17.1 所示，等截面直杆承受一对方向相反、大小均为 F、作用在同一直线上的横向力作用。设杆横截面宽度为 b，拉压刚度为 EA，材料的泊松比为 μ。试利用功的互等定理,证明杆的轴向变形为 $\Delta l = \dfrac{\mu b F}{EA}$。

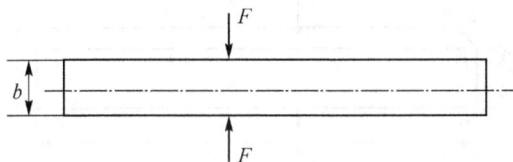

图 17.1　第一种受力状态示意图(题图)

该题目简单而典型,也常常被教师选择作为例题讲解,标准解答如下:

对于该杆件,构造另一种载荷状态如图 17.2 所示:在杆件上施加一对大小相等,方向相反的轴向力 F_1。

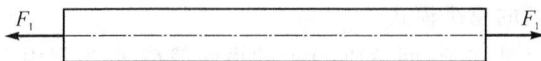

图 17.2　构造第二种受力状态示意图

在 F_1 作用下,杆的横向变形为

$$\Delta b = -\mu \varepsilon b = -\mu \frac{F_1}{EA} b = -\frac{\mu F_1 b}{EA} \tag{17.1}$$

根据功的互等定理,对于两种受力状态有

$$F_1 \cdot \Delta l = -F \cdot \left(-\frac{\mu F_1 b}{EA} \right) \tag{17.2}$$

由此得

$$\Delta l = \frac{\mu b F}{EA} \tag{17.3}$$

17.3　提出疑惑与概念辨析

除了教科书中给出的标准解答,这里展示另一种模式的证明。首先,为了方便后续讲解与符号说明,将图 17.1 中杆件画为如图 17.3 所示的三维模式,载荷 F 作用面的横向尺寸为 h,轴向长度为 l。

在 F 作用下杆件的横向应变为

$$\varepsilon_b = \frac{\sigma}{E} = -\frac{F}{Ehl} \tag{17.4}$$

轴向应变

$$\varepsilon_l = -\mu \varepsilon_b = \frac{\mu F}{Ehl} \tag{17.5}$$

轴向变形

$$\Delta l = \varepsilon_l l = \frac{\mu F}{Eh} = \frac{\mu b F}{EA} \tag{17.6}$$

比较式(17.3)与式(17.6)可以发现,答案完全一致,但这种证明过程是正确的吗?

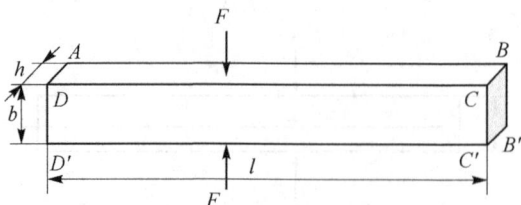

图 17.3　结构三维尺寸与图标

　　该证明模式并不是教师有意"制造"的,此例为教科书上作业题,根据笔者多年的统计数据,有 25% 以上的学生会给出第二种模式的证明过程。

　　事实上,从学生作业错误或者学生日常问题入手,引发学生思考最为合适,因为其符合学生思考问题的思维模式。

　　该证明的错误之处在于:面 ABCD 上的横向载荷 F 为集中力,在长度 l 的全局范围内无论横向应力或应变都是非均匀分布,所以使用式(17.4)表征横向应变是不正确的,或者对于长度 l 的全局范围该表达式不适用。

　　"找错"的过程涉及概念与对象的辨析,例如应力与平均应力,集中力与分布力,微元体与分离体等方面,教师引导学生进行问题讨论是有益的。

17.4　扩展研究与理解进阶

　　尽管上面给出的证明过程是错误的,但是根据式(17.4)~式(17.6)给出的最终结果与正确答案完全一致,由此可以提出的下一个问题是:答案一致是一种"巧合"还是"必然"? 这个问题可以随着上面讨论与讲解一次性提出,但是学生立刻就能给出比较全面的解答是不现实的,该问题可以作为思考作业题布置给学生,并根据学生完成情况组织专题研讨。为了在学生讨论时引导重点与主线,教师完成相关课程内容设计作为预案是有益的,以下问题的分析展示了逐步提升的思维训练过程。

17.4.1　载荷从均匀分布到集中作用

　　首先,尽管式(17.4)~式(17.6)的证明过程对于原题是错误的,但对于作用于 $ABCD$ 与 $A'B'C'D'$ 的横向均布面载 $F/(hl)$ 而言(见图 17.4(a),为了文本简洁受力图均为正视图,下同),该证明过程是正确的。

　　其次,若均布载荷在轴向的作用范围仅为 $ABCD$ 的一个局部,例如 $l_1(l_1 < l)$,且分布载荷的大小为 $F/(hl_1)$(总载荷一致,见图 17.4(b)),则在 l_1 范围内与图 17.4(a)的情况完全一致,杆件其他范围内没有轴向变形,总的轴向变形 Δl 仍为

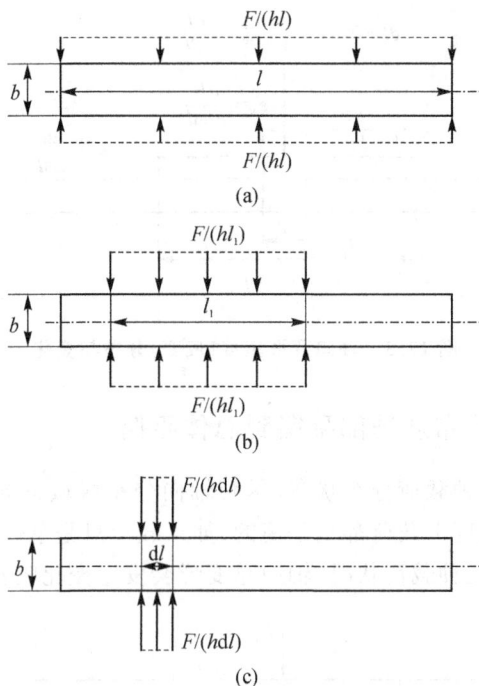

图 17.4　载荷分布范围变化示意图

$$\Delta l = \varepsilon_{l_1} l_1 = \frac{\mu F l_1}{E h l_1} = \frac{\mu b F}{E A} \tag{17.7}$$

最终,上述模式的极端情况如图 17.4(c)所示,当 $l_1 \to \mathrm{d}l \to 0$ 时,

$$\lim_{\mathrm{d}l \to 0} \Delta l = \lim_{\mathrm{d}l \to 0} \varepsilon_{\mathrm{d}l} \mathrm{d}l = \lim_{\mathrm{d}l \to 0} \frac{\mu F \mathrm{d}l}{E h \mathrm{d}l} = \frac{\mu b F}{E A} \tag{17.8}$$

以上的证明过程基于均匀应变以及极限化模式,同样可以构造如图 17.2 所示的轴向载荷状态,利用功的互等定理获得同样的结果,此处不再赘述。

从该变化过程可以看出,无论载荷分布形式与位置如何,对于静力等效的一对横向作用力,其在轴向引入的变形均为同一数值,所以 17.3 节中尽管证明过程是错误的,但答案完全一致有其必然性。

事实上,我们可以把以上的证明与分析结果画在一张图上(见图 17.5):随着载荷集度的增加,在载荷作用范围内轴向变形的集度也线性增加,但总变形(对应于虚线包围的面积)保持不变,极限状态为载荷分布范围趋于零,但变形集度趋于无穷大,二者乘积(总变形量)为有限值并保持不变。

以上分析过程中有多个"台阶",每次上升的幅度不大,而且相互关系紧密,最后的总结已经在数学本质上有所体现。

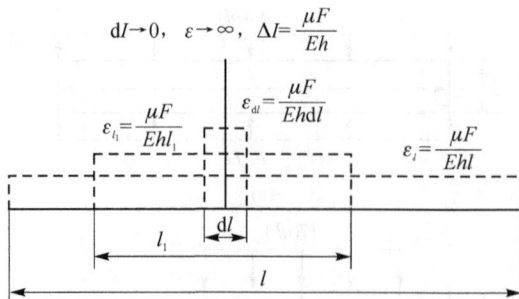

$$dl \to 0, \quad \varepsilon \to \infty, \quad \Delta l = \frac{\mu F}{Eh}$$

$$\varepsilon_{dl} = \frac{\mu F}{Ehdl}$$

$$\varepsilon_{l_1} = \frac{\mu F}{Ehl_1}$$

$$\varepsilon_l = \frac{\mu F}{Ehl}$$

图 17.5 轴向变形集度(应变)分布与变化

17.4.2 载荷分布从局部平衡到总体平衡

观察图 17.4 中各种载荷分布状态,尽管轴向分布区域不同,但横向均为对称模式,即任意局部轴向尺度上载荷都是平衡的;如果载荷只是总体平衡而非各局部都平衡,例如图 17.6 所示几种载荷状况,轴向总变形会发生变化吗?

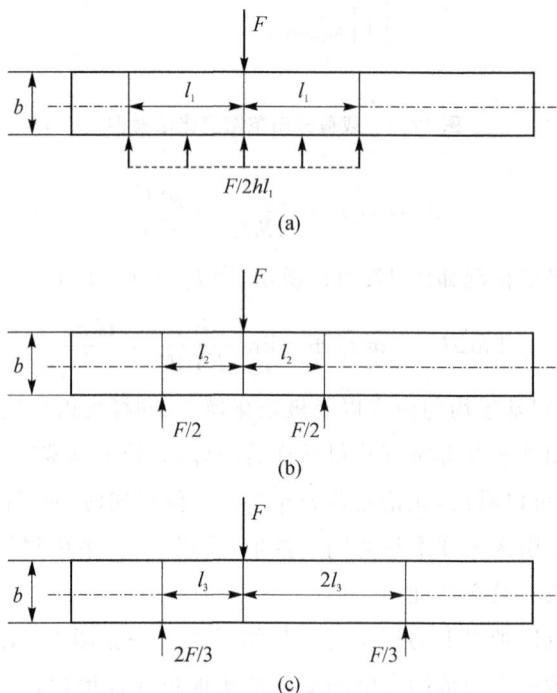

图 17.6 载荷分布平衡方式示意图

解决这类载荷分布状况比较简单的方式是采用叠加方法:

① 当上下表面载荷互换时,所产生的轴向变形完全相同,所以这两种载荷叠加后获得的轴向变形为单独载荷状况的 2 倍;

② 叠加后的载荷可以重新分解为与图 17.4 类似的横向对称模式的组合,可以采用 17.4.1 节中的计算方法得到完全一致的结果。

可能这种处理方式不是唯一的,但以此为基础引导学生讨论是有趣的。

相比 17.2 节限定于原始问题,学生主动想到这类载荷分布状况的可能性较小,但对该问题处理的方式体现了利用已有知识与方法解决新问题的灵活性。

17.4.3　载荷分布方式引入的位移量级对比

与 17.4.1 节不同,在 17.4.2 节中载荷分布模式不仅导致轴向变形,而且伴随着横向弯曲变形,其分布模式的一种极端化状态如图 17.7(a) 所示,相当于悬臂梁自由端承受集中载荷,如图 17.7(b) 所示(受力简图)。对于该受力状态导致的轴线变形 Δl 仍然可以使用 17.4.2 节的计算方法,但是需要注意,由于弯曲变形的影响,轴线由直线变为曲线,在水平 x 方向(原始轴线方向)自由端也有水平方向位移 Δ_A。

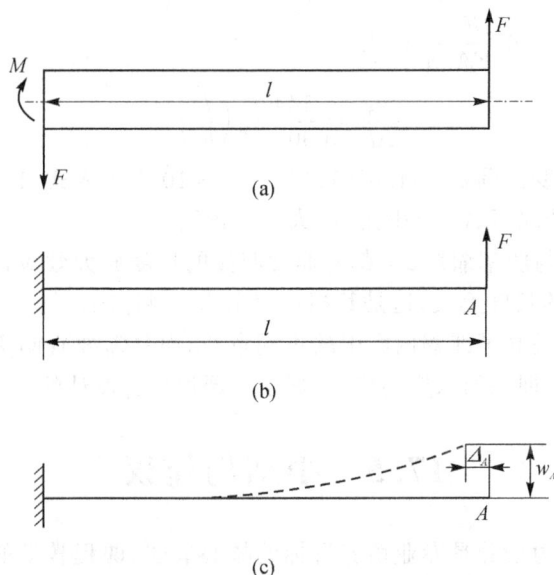

图 17.7　不同方向位移比较示意图

如图 17.7(c) 所示,水平方向位移 Δ_A 也称为曲率缩短,通过挠曲轴总长与其轴向投影之差进行计算[26],通用计算公式是泰勒展开的近似表达

$$\Delta_A \approx \frac{1}{2} \int_l (w')^2 \mathrm{d}x \qquad (17.9)$$

材料力学中梁弯曲变形的分析基于纯弯曲率公式,忽略了剪切影响并在小变形条件下进一步简化获得挠曲轴近似微分方程。经典教材中均提及忽略梁轴线方向的位移[1-3,6](横力弯曲条件下包括曲率缩短与轴线变形),但一般都没有给出各量量级的讨论,此处比较图 17.7 中梁的自由端挠度 w_A,自由端水平位移 Δ_A,以及梁轴线

长度变化 Δl 的量级,对于理解基本概念是有益的(为了符合梁弯曲的图注习惯,下列公式中横向载荷作用方向的截面横向尺寸改为 h),即

$$w_A = \frac{Fl^3}{3EI} \tag{17.10}$$

$$\Delta_A \approx \frac{F^2 l^5}{15E^2 I^2}, \qquad \frac{\Delta_A}{w_A} = \frac{3}{5} \frac{w_A}{l} \tag{17.11}$$

$$\Delta l = \frac{\mu F h}{EA}, \qquad \frac{\Delta l}{w_A} = \frac{\mu h^3}{4l^3} \tag{17.12}$$

在小变形条件下各量相对于梁长度均为小量,挠度 w_A 是学生们非常熟悉的量,根据式(17.11)与式(17.12)中与 w_A 的比较,水平位移 Δ_A 与轴线长度变化 Δl 均为挠度 w_A 的小量,相对而言

$$\frac{\Delta_A}{\Delta l} = \frac{Fl^5 b}{15\mu EI^2} = \frac{144}{15\mu} \frac{F}{EA} \left(\frac{l}{h}\right)^5 \tag{17.13}$$

将最大弯曲应变 $\varepsilon_M = 6 \dfrac{F}{EA} \dfrac{l}{h}$ 代入

$$\frac{\Delta_A}{\Delta l} = \frac{144}{90\mu} \varepsilon_M \left(\frac{l}{h}\right)^4 \tag{17.14}$$

将常见弯曲应变范围 $\varepsilon_M = 1.0 \times 10^{-4} \sim 1.0 \times 10^{-3}$ 代入式(17.14)评估比值,对于工程长梁,一般情况下 Δ_A 至少比 Δl 大一个量级。

梁的挠度 w_A 与曲率缩短 Δ_A 都有非常明显的长度放大效应,与之不同,梁轴线长度变化 Δl 与梁的长度无关,这是其相对较小的主要原因。

该部分的讨论关联了课程内容中的不同章节,而且需要查阅资料和推导相关数学公式,体现了思维训练的深度与广度,展示了课程内容设计的"空间大"。

17.5 小结与建议

知识结构与能力培养是专业培养目标的核心表述,课程教学的目标最终体现在支持学生知识学习并达成能力培养。在高阶性思维能力的训练环节中,教师主导的课程内容设计是重点也是难点,这里给出以下几点一般性原则:

① 问题的引入不能完全脱离教材内容,须适合大部分学生的认知水平,从教材原文、例题与习题出发是上佳选择;

② 问题最终可以通过简单的分析运算获得非常明确的结论,工程实际问题影响参数较多且分析数据过于繁杂,更适合课程教学的背景介绍与应用扩展,不宜作为课堂教学深入研讨的内容;

③ 问题的讨论可以在多个层次展开,并关联教材不同章节,便于学生进行概念辨析和知识体系构筑,但是需要特别注意层次递进的编排,这是支撑学生学习的方法体现。

为了说明主体思路,本章展示了从一个学生作业与问题出发,如何引导学生进行批判性思维训练的过程,希望能给相关课程内容设计提供参考。

本章涉及学生能力培养体系的指标点如表 17.1 所列。

表 17.1　本章涉及学生能力培养体系的指标点

能　力	对应指标点
1 工程推理和解决问题的能力	1.1 发现问题和系统地表述问题 1.2 建模 1.3 估计与定性分析 1.5 解决方法与建议
2 实验和发现知识	2.1 建立假设 2.3 实验性的探索 2.4 假设检验与答辩
3 系统思维	3.1 全方位的思维 3.2 系统的显现和交互作用 3.3 确定主次与重点 3.4 解决问题时的妥协、判断和平衡
4 个人能力和态度	4.2 执着与变通 4.3 创造性思维 4.4 批判性思维

第18章 材料力学实验教学的课程设计

实验实践类课程是专业培养计划的重要组成部分,在目前的教育教学环境中相对于理论课程,实验实践类课程在师资配置、教学方法与课程内容方面更需提升。对于教学实验内容与要求的设计,目前存在流程固化和测试数据为本的趋势。教学实验的目的和作用是教学内容设计与评价标准设定的基础,这也是"回归初心"的体现。本章通过对材料力学实验课程现状进行分析,探讨教学实验的内容设计与实施模式。

18.1 目的与意义

与前面各章开门见山的风格不同,为了说明本章论述的目的,首先叙述一次笔者作为学院教学指导委员会成员的实验教学听课记录。

当天实验的内容是测量材料的弹性模量与泊松比,在实验课教师讲解了基本要求与步骤后,各小组同学开始了操作。实验操作的第一步是对板状长条金属试样施加 2 kN 预载,我附近的三人小组为了获得材料试验机控制显示界面上精确的 2 000.00 N 数字,反复操作的时间超过了 10 分钟。

内心有些焦灼的我尽量使用和蔼的语调提点:"同学,你知道为什么需要施加预载吗?"

一旁观察显示数字的学生看我一眼后并未如我想象般,或沉默思索,或紧张陈述,而是反问道:"老师,你是做研究工作的吧?"

没有获得正常反馈,我有些许愣神,迟疑着回答:"是,我做过一些研究工作。"

于是旁边的同学带着果不其然的表情说:"我就知道,因为您做研究工作就习惯问为什么;而我们,按照实验手册的要求做,不问为什么。"

我看着同学并不像玩笑的脸,没有再提及诸如试样夹紧、消除间隙、预载不需要特定数值等话题。剩下的课堂时间里,观察着同学们忙碌点击鼠标、拷贝数据到 Excel 表格显示曲线、拷贝图表与数据生成合格的实验报告文档,我不禁思考一个问题:实验教学的目的是什么?

18.2 实验教学的表象与问题

以上的陈述听来像一个笑话,但的确是真实发生的事件。笔者也观察过材料力学实验课的其他内容,以及固体和流体专业其他实验课程,流程与状态基本相同:

① 教师的讲解内容除设备操作与安全提示外,主要是测试步骤与数据处理

公式；

② 学生操作仪器设备，根据实验手册要求读取数据填写表格，计算得到实验结果形成实验报告；

③ 教师巡视实验现场除保证安全外，主要工作是辅助学生实施顺畅的实验过程；

④ 各小组中学生有操作与记录的分工，小组内与小组间的交流关注实验数据是否趋同；

⑤ 学生与教师交流较少，主动"召唤"老师多是仪器操作出现异常，很少观察到与教师交流讨论数据偏差的原因，从未观察到讨论实验方案中安装、加载、测试与处理中存在的问题。

在和谐有序的实验课堂上，可以感受到的主题是获得正确的实验数据，更有认真负责的教师在黑板或投影上给出标准数据供学生参考，甚至开发了相关应用程序，可以自动处理实验数据并给出符合实验报告要求的表格和曲线。

实验的目的，如果狭义理解为理论分析与计算数据的验证，那么对于材料力学中材料基本力学性能的数据与图像，是否有必要开设学生操作的教学实验环节？因为没有学生怀疑教科书与手册中给出的数据，每位学生重复获得相同的数据是否有意义？

如果实验课程的目的是实验设备操作培训，以及材料力学性能测试流程的学习，以学校（北航）每年学习材料力学课程的近 2 000 名学生作为样本，将来工作中涉及材料力学性能测试的毕业生的比例应该非常低，而专门从事材料力学性能测试工作的毕业生人数可以忽略。基于该样本数据，学校是否有必要投入大量的实验室运行经费？更何况还需投入百倍于运行经费的资金购置教学实验室设备，而相关教学实验室和实验教学队伍花费更大。

很显然，特定数据获取与特定设备操作的培训并不是实验课程的目的，至少不是主要目的，实验项目应该是一类"载体"，通过教学实验环节达到培训学生能力的目的。如果偏离了基本方向，现象表观为学生缺乏思考与质疑，底层原因是实验教学设计与任务要求不合理。

18.3　实验教学的地位与目的

自从伽利略开创自然科学领域的现象观察→假说提出→逻辑推理→实验验证模式，作为研究方法的重要组成部分，与实验相关的测试原理、仪器介绍、方法步骤、数据处理等内容逐步成为实验教学的内容，与之相应地，实验室面积、设备类型、台套数目等硬件条件也成为评价专业办学水平的量化指标。在专业培养计划学分比例中，教育部规定工科专业的实验实践部分不能低于 20%，尽管做不到"三分天下"，但相比基础理论与计算方法，从本科到研究生阶段，实验课程与实验项目所占比例在逐步增加。

与科学技术发展所呈现的日新月异不同,各专业的课程配套教学实验项目保持相对稳定,国内外高校均是如此。以专业人员的视角,目前开设的教学实验项目与内容偏于基础与常规,考虑到高校充足的办学经费与研究经历各异的任课教师背景,没有形成教学实验项目"百花齐放"的原因一定不是"软硬"条件不足。教育工作者形成共识维持相对稳定的教学实验项目与内容,与知识的学习模式和传授效率相关:

① 从主观感受入手,通过尝试、认知、思考、总结,最终获得"经验式"知识,这种知识获取模式符合学习的自然规律,印象深刻、图像感强、不易忘却,事实上目前绝大多数与技能技巧相关的职业培训教学仍然采用这种实践—总结—实践的模式;

② 随着人类认识世界的深入,自然科学体系结构逐步丰富完善,需要继承与传授知识的总量爆发性增长。尽管专业分类不断细化,但即使对于相对"狭窄"的领域方向,采用体验式学习模式完成高等教育的基础内容,在知识传递的效率方面也难以满足要求。因此,基于前人总结的知识编写教材,通过教师的逻辑演绎讲授主线与难点,帮助学生快速了解知识体系的"框架",这是目前高校绝大多数课程的教学方法,尽管课程中也会有例证与应用,但其目标仍是展示逻辑推理结果的正确性与有效性。

保证知识传递高效率的演绎式学习胜在宏观全貌,但在主观感受与细节认知方面有不足,这也是需要配套习题训练与教学实验的原因之一。事实上,另一方面,这也是实验教学地位的体现,与培养学生能力体系相关:人才培养的任务体现在学生的知识结构与能力体系,不同专业的知识结构有一定差异,但是能力体系指标大致相同,美国麻省理工学院曾经给出七大类35条的体系指标(见表1.1),观察其中各条目,从发现问题,估计与定性分析,带有不确定性的分析,解决方法和建议,实验性的探索,假设检验,确定主次与重点,解决问题时的妥协,判断和平衡,执着与变通……,相比理论课程为了引导学生思考的问题设计,实验教学的步骤与内容天然满足学生认知进程,直接对应能力培养体系指标点,这是实验教学环节不可或缺的主要原因。

认识到实验教学需要达成的目的,回归问题的本源,就不难理解目前实验课堂上学生为什么缺乏思考与质疑,因为教学实验设计与任务要求没有提供学生思考与质疑的"土壤",进而失去了能力培养的"空间"。形如本章记录的状况:如果实验目标与评价标准就是弹性模量与泊松比数值本身,过程与细节必然不是学生的关注点,加之教师为了保证实验过程的高效顺畅,提前完成了试件贴片、安装、调试、数据表格准备等各项工作,相当于替代学生"避开"所有发现问题的机会,最终获得"双赢"的结果——学生高效完成实验报告得到分数,教师批改形式统一的报告降低工作量,唯一"失落"的是实验的目的。

与之类似的问题也出现在目前着力推进的虚拟仿真实验项目中,为了解决教育资源不均衡以及避免危险环境实验的问题,教育部提出发展虚拟仿真实验项目的初衷是合理的,但是对于具备实验条件的高校使用虚拟仿真实验替代现场实验是不合理的:与前述问题类似,虚拟仿真实验过程中所有的流程和数据是预设赋值,学生不仅没有发现问题的机会,甚至没有"犯错"的机会,也就失去了能力培养的机会。

18.4　实验教学的设计与建议

为了达到能力培养的目的,避免毕业工作时"回炉"的高成本,教师有必要审视实验教学的目的,设计教学实验的内容与要求。事实上,在实验教材中对于实验设计、操作要求、数据采集、处理方法的设定原因有或多或少的说明,如果实验任务与评价不涉及这些细节,少有学生会主动关注"底层"的机理。

目前高校工科机械大类的材料力学教学实验为 $8\sim16$ 学时,均开设的基本实验是低碳钢的单轴拉伸材料力学性能、金属材料弹性模量与泊松比(试验机操作与电测桥路原理属于配套),其他诸如四点弯(三点弯)梁截面应变分布、压杆失稳临界载荷、曲拐弯扭组合、带孔板应力集中等属于可选类型[34-38],根据学时量、实验室条件、专业背景的差异,各校的项目选择与编排顺序不尽相同。此处以前述材料弹性模量与泊松比实验为例,提出多种实验教学设计,仅供实验教师参考。

保持实验主体内容不变(常规要求称为 O 方案),提出不同的要求并以此作为评价指标之一:

A. 载荷分为 N 步施加($N\approx10$),根据相邻两点测试结果计算弹性模量 E,给出 E 随载荷 F(或应变 ε、应力 σ 均可)的变化曲线,分析偏差及其分布,给出机理性说明与改进方案(该方案不加预载,但其目的就是预载及其设定原则);

B. 对于 N 步载荷获得的数据,分别采用相邻两点、四点、六点…计算 E,利用三点、五点、七点…线性拟合计算 E,给出相对偏差较小的计算模式,以及数据采集点的范围,并说明原因或机理(该方案训练学生根据已有数据定性与定量表征问题,给出合理方案提高工作效率);

C. 以 A 或 B 为基础要求,除金属材料外添加一两种材料类型,例如单向碳纤维单层板(或单向玻璃纤维单层板)、橡胶板(或亚克力板,非夹层类型),重复以上的工作,修正原先的结论(实验性的探索,多样性的认知,执着与变通);

D. 以常规实验(O 方案)为基础,要求学生多试样或不同位置贴片(或教师挑选贴片质量各异预制试样),多点测试与分析,比对同一数据处理方式的结果,采用体视显微镜观察贴片细节,给出问题猜测与分析(如果教师预制贴片,尽量包含粘贴不均匀、部分虚粘、角度偏差等类型);

E. 以 O 方案为基础测试 3 种材料试样(例如 C 方案中材料),要求研究保载时间对于测量数据的影响(在较高的应力水平区域),比对不同材料给出效率与精度均衡的方案(根据加载设备类型不同,可以保载观测蠕变或保持位移观测松弛;教师预选 3 种蠕变性能有明显差异的试样材料);

F. 以常规实验(O 方案)为基础,使用相同材料制作的均匀截面长梁试样,悬臂支撑进行自由端挠度测试(也可选择两端简支模式测中点挠度)并算出弹性模量 E,

对比使用单轴拉伸实验获取的弹性模量 E，分析偏差的原因(类似的方案还包括通过自由梁/悬臂梁/简支梁频率测试反算弹性模量 E；使用长梁端部受低速冲击测试弹性波速度反算弹性模量 E 等，可以联合其他力学类实验室共同开展)；

G. 以 F 方案为基础，采用长高比分别为 3/5/10/20 的悬臂梁测试挠度，分析结果差异并给出说明(事实上，对于挠度测试，边界条件与理论模型不一致造成的影响最为显著，悬臂梁固支端最好采用小厚度通孔多螺栓夹紧，且约束夹块不能倒角，在此基础上，Timoshenko 梁与 Euler 梁的差异才能更好体现)。

以上列出的以单轴拉伸实验为基础的实验方案与测试数据类型并不是固化的，只是自然延续了本章以拉伸实验展开的讨论，教师可以根据实验室条件以及理论课程进度进行筛选或设计，此处展示多种方案意在说明：测试类型与数据并不关键，通过实验项目培养学生的能力体系才是目的。为了使绝大部分学生受益并降低由于实验报告多样化带来的工作量，建议通过学校提供的教学平台或线上方式，将各组实验报告交由学生们互评，教师挑选典型案例让学生在课堂上展示结果并点评。

事实上，各类测试实验均有标准(例如材料力学教学实验主要涉及拉伸试验 GB/T 228.1—2010，材料弹性模量测定 GB/T 22315—2008，扭转试验 GB/T 10128—2007 等)，实验教材中各项要求来源于国家标准，以上提及的各类方案也是标准制定过程中可能涉及因素的展示，标准的来历对于学生将来的科学研究与工程设计生涯非常重要。这里再提及一件与弹性模量测试相关的实例：笔者曾经参与北京飞机维修工程有限公司(Ameco)公务机内部改装项目，分析人员使用部件地面试验结果验证有限元模拟结果时发现二者的变形数据有较大差异，为了寻找偏差来源，对构成部件的复合材料板进行了力学性能验证，其结果与生产厂家给出的弹性模量完全一致。后来通过研究复合材料单轴拉伸试验的国家标准，发现在标准中确定弹性模量所取试验数据偏于中高应力(应变)区域，而内部改装结构部件的分析状态主要对应于材料的低应力区域。后重新采用拉伸试验低应力(应变)区数据计算弹性模量，由此获得部件变形的有限元分析数据与地面试验结果高度吻合。这个实例并非说明国家标准存在问题，对于纤维复合材料，特别是高分子纤维复合材料，低应变区与中高应变区的模量差异明显大于金属材料，对于大量使用长纤维复合材料的航空航天工程，材料主要工作在中高应力区域，且低应变区的非线性程度更强，所以国家标准选择中高应力区的数据计算弹性模量是合理的，但并不是普适的。由此可见，了解数据测试中各类问题，可以针对具体问题提出解决方案，远比测试数据本身更为重要。

18.5　小结与建议

实验教学相比理论教学，在学生能力培养方面具有独特的地位，各高校在实验教学方面开展了创新性与综合性实验探索，包括近期的虚拟仿真实验课程建设。本章从实验教学的地位与目的出发,思考了实验教学的内容设计对学生能力培养的促进作用。并且以材料力学中基础实验内容为例,提出了一些改进的建议,意在说明相对于具体的实验结果,过程更加重要;相对于实验流程的实施,设定实验流程的机理更关键,期望通过实验教学地位与目的的探讨,以目标导向模式引导教师关注学生能力培养体系。

教学实验的目的是培养学生分析与解决问题的能力,在设计教学实验内容、设定评价标准时,教师可以把相关能力体系指标(见表 1.1)作为实验内容选择和评价等级的标准,这也是"不忘初心"的体现。

第 19 章　材料力学中的人物事件与课程思政

为了实现"立德树人"的教育目标,教育部近年来大力提倡与推进"课程思政",其课程设计的难点在于如何实现科学知识传授与思想品德培养的有机统一。尽管不同课程有其特色、专业教师经历各异,但对于所有自然科学的专业课程而言,描述学科知识的发现过程、展示人物研究经历、培养学生思维模式与意志品质,这是一种具有共性的通用方法。本章通过讲述与引申在材料力学教材中出现的人物事迹,展示在材料力学教学过程中充分利用人物背景与研究过程的意义。

19.1　目的与意义

中国古代教育理念是育人先育德,注重传道授业解惑、育人育才的有机统一。课程思政在本质上也是一种教育,目标是实现立德树人,其主要形式是将思想政治教育元素,包括思想政治教育的理论知识、价值理念以及精神追求等融入各门课程,对学生的思想意识、行为举止产生潜移默化的影响。

材料力学作为工科院校的专业基础课,在本科教学中的地位毋庸置疑。如何在教学过程中提高学生的兴趣,避免课程单调枯燥,从而做到教书育人,这是每一位教师都会思考的问题,而使用适当的人物故事或工程事件作为基本概念的引入以及理论应用的实例也是工科教学中惯常的方法。

作为材料力学中的工程实例,其选择往往与学生的专业背景相关。相对而言人物的选择比较固定,均是在材料力学学科发展过程中做出显著贡献的人物,对这些典型人物的生平与事迹进行引申,而不是仅仅停留在"提及"的层次,往往能在基本概念引入、研究方法训练、性格品行培养等方面收到良好效果。下面以经典材料力学教材[1-5]中均会提及的人物作为例证说明。

19.2　伽利略(Galileo,1564—1642)

首先提及伽利略并不是因为历史时间顺序,也不仅仅因为他在具体现象的分析中给出了精彩的结论,而是由于他在自然科学研究方法上开创性的贡献:实验观察—假说提出—理论分析—实验验证。这种研究方法为整个自然科学体系的建立奠定了基础。作为工科院校的基础课,材料力学的研究方法当然也不例外。从本科阶段课程安排的顺序而言,材料力学应该是第一门与工程分析方法紧密联系的课程,在课程的讲述中反复印证了以上的研究模式。以"方法为先、内容次之"的教学思想作为指导,在绪论的讲解中以伽利略的研究方法进行引申,在学生脑海中留下该方法的初步印象,为拉压杆、扭转轴、弯曲梁的应力分析过程埋下伏笔,正所谓"草蛇灰线,伏延千里",看似"散漫"实是重点。学生初听之时仅仅是有趣的故事,课程近半之后细细品味才觉"回味无穷"。

除此之外,伽利略在力学研究中的成就也是很好的素材,但在绪论讲述阶段并不宜全盘托出,因为此时学生对材料力学的内容与体系没有概念,讲解伽利略的具体成就不会给学生留下深刻印象,不如分解到后续章节。尽管成就不宜过早推出,但伽利略在其著作中提出的一些问题对于即将进入材料力学课程学习的学生却有着极大的吸引力,有如悬疑故事的开篇,现摘录其中的两段[11](相关图形见图 19.1):

伽利略对自然界的观察:"一个小型方尖塔、柱子,无论平放或者直立都不会有发生断裂的危险,而那些很大的物体则在稍微触动下就很容易崩散破碎……无论是人工的或天然的结构物,都不可能将尺寸增加到非常大。同样也不可能将船只、宫殿或庙宇造得非常巨大的同时,还能使它们的船桨、庭院、梁、铁螺栓以及其他部件都能结合在一起。自然界也不能生长出异乎寻常的大树,因为树枝在其本身重量作用下会折断。因此如果人、马或其他动物的身体异常高大,那么这些动物的骨骼组织就不可能结合在一起来完成其正常机能。因为高度增加只能由较平常骨骼更硬、更强力的材料或者借助放大骨骼才能达到目的,这样会改变它们的形体,以致使它们的形状变成一个怪物……如果缩小物体的尺寸,该物体的强度并不按同样比例减小。实际上物体愈小,它的相对强度反而愈提高。因此,一只小狗有可能在它的背上驮起三只同它一样大的狗,但是我相信一匹马甚至连一匹和它一样大的马也驮不起。"

伽利略谈及大自然中材料应用的实例,例如空心结构:"因不须增加重量而能大大提高强度,在自然界非常普遍,像这类例子实在太多。例如鸟类的骨骼和很轻但能高度抗弯和抗断裂的各种芦草秆。一根麦秆所负载的麦穗较整个麦秆要重得多,如果麦秆是用同样多的材料做成实心形状,那将降低其抗弯和抗断裂的能力。一根空心枪杆和一根木制或金属制的圆管比同长度同重量的实心杆要强得多,这是一个已在实际应用中被证实的经验。"

这些总结与例证之所以有"魅力",归结于它们在日常生活中随处可见,但绝大多数人并不知道其中的道理,此时用以挑起学生的好奇心,会大大增强学生对课程的兴趣。

19.3　胡克(Robert Hooke,1635—1703)

胡克在材料力学教学中被提及是因为材料本构关系,但简单地把胡克与胡克定律进行关联,其课堂效果并不理想,因为学生早已习惯每个定理或定律总有证明与发现者。如果换一种方式,例如详细给出胡克对该实验的描述,其效果远好于简单介绍

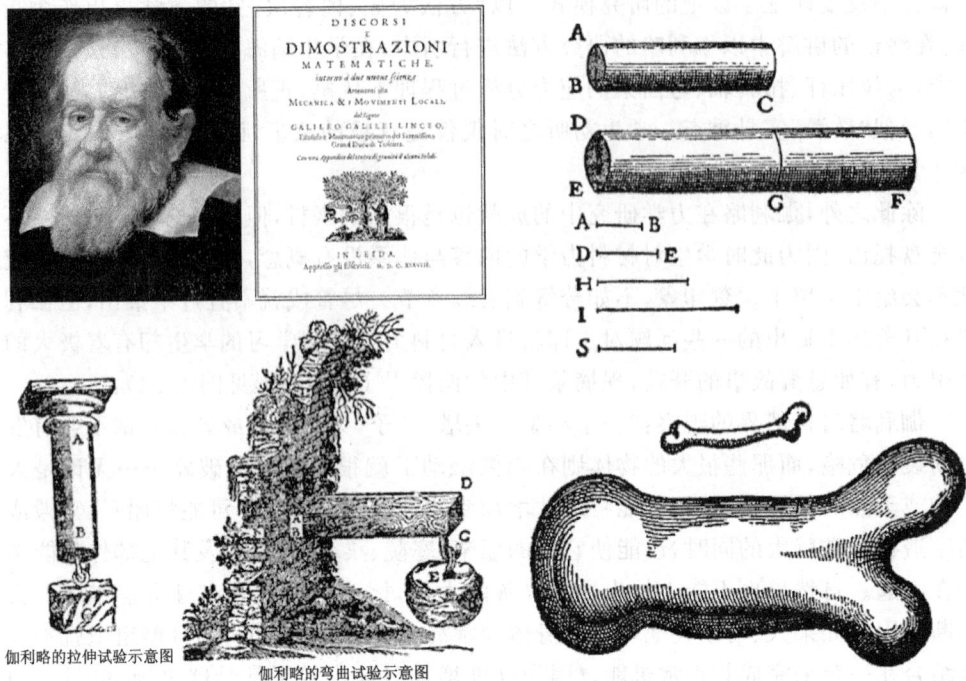

伽利略的拉伸试验示意图

伽利略的弯曲试验示意图

图 19.1　伽利略相关论述与图片

定理或定律的发现者。

　　1678 年,胡克发表了"弹性能"的论文,文中描述了其实验工作[11](相关图形见图 19.2):"取一根长 20,30 或 40 英尺①的金属丝,将其上端和钉子系牢,系上一个弹簧秤以承受砝码,使用两角规测量秤底与地面间的距离,将该项距离记录。然后将几个砝码加到秤上,量出该金属丝的伸长并记录。最后比较该金属丝的几个伸长量,便可看到由砝码所造成的伸长量彼此之间一直存在着相同的比例。"胡克还描述了螺旋弹簧、表弹簧以及横梁在不同载荷下变形之间的比拟关系,由此总结:"在任何弹性体内的自然规律和定理是:物体使自己回到自然位置的力和功率始终与所移动的距离或空间位置成正比……。从这个原则出发,很容易算出各种弓以及古人所使用弩炮的强度,也很容易计算出表弹簧的适宜强度,同样可以说明弹簧与受拉绳索等时振动的原因……"

　　在这里详细给出其关于实验的论述,原因有二:

　　① 首先,展示具体的实验装置与过程可以让学生认识到科学实验与发现其实并不神秘,但是需要巧妙的设计、细致的实验与认真的数据总结。培养学生动脑与动手能力本身就是大学教育的主要任务;

---

　　①　1 英尺=0.304 8 m。

② 其次,胡克并没有把工作简单停留在数据总结上,其对该定律可能应用领域的描述展示了科学研究与工程应用相结合的紧密关系。作为工科院校的学生,认识到科学研究与工程应用的关系是非常重要的。

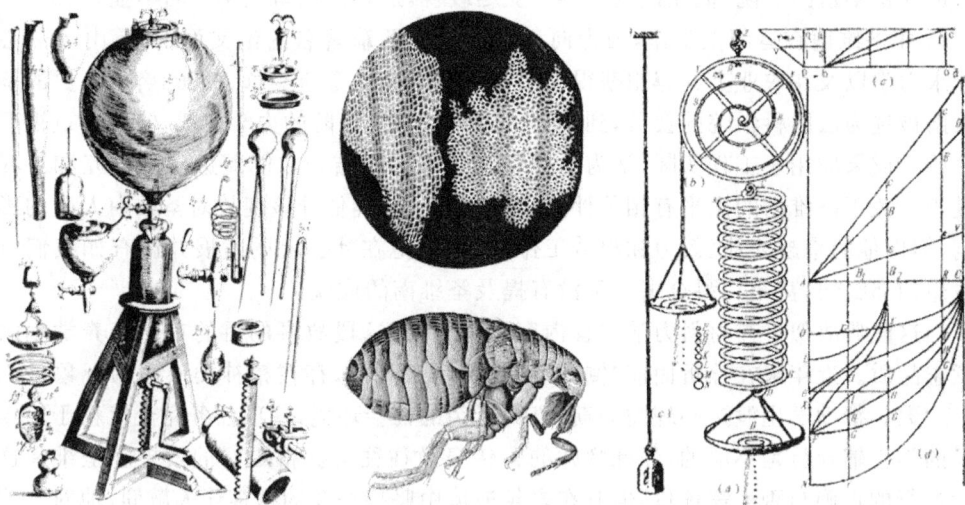

图 19.2 胡克制作的实验相关设备、显微绘图与弹簧实验绘图[28]

另外,谈谈胡克于 1666 年 5 月 3 日在英国皇家学会上的有趣演讲[11]:"我将说明与现在任何人所想象的极不相同的一个世界体系,它是在下列三种情况上被发现的:

① 所有的天体不仅它们的各部分对它们自己的共同中心有万有引力存在,而且在作用范围内物体彼此之间也存在着引力;

② 一切具有简单运动的物体将继续沿直线运动,除非有偏斜的外力持续不断地作用其上,才会使其运动轨迹变成一个圆、一个椭圆或其他曲线形状;

③ 物体相距越近,这种引力将越大,关于增大距离以使此力减小的问题,其中比例如何,虽然我为此做过一些实验,但我自己没有找到结果,我将留待对这一工作有充分时间和知识的人来完成它。"

向学生讲述这段有趣的演讲并不仅仅在于展示胡克的成就,更重要的是说明知识的积累与研究的进程,牛顿曾经提及自己是站在"巨人的肩上",胡克的这段演讲为"巨人的肩"做出了精彩的注释。

19.4　圣维南(Saint – Venant,1797—1886)

圣维南的人生经历是非常特殊的,他 16 岁考入法国工业学院,表现出卓越的数学才能,成绩名列前茅。变故发生在 1814 年的法国政变[11],3 月 30 日,当联军逼近巴黎,学院学生正在向炮台运送大炮,圣维南从同学的行列中跳出来高喊:"我的良心不愿为剥削者作战……",然后脱离了队伍,同学们认为圣维南是逃兵,并不再允许他在工业学院继续学习。之后的 8 年圣维南在火药厂当助手,1823 年政府批准他不考试进入桥梁道路学院,但在该校的两年受尽歧视,最终他以班上第一名毕业。1825—1834 年圣维南在运河上工作,因为向科学院提交两篇著名的论文而出名,由于热心于水力学以及在农业上的应用获得了法国农业学会的金质奖章。1868 年,71 岁的圣维南被选为法国科学院的会员,到他去世为止一直是该院的力学权威,他一生重视理论研究成果应用于工程实际,认为只有理论与实际相结合才能促进理论研究和工程进步。关于圣维南的生平有相关评述:"我们无法精确估计该变故对圣维南人生的影响,但以他的卓越才能、毅力和艰苦工作的精神,他在社会上的发展并没有如我们所猜想的那么快,甚至百科全书上都没有提及圣维南的成就。"

这段典故似乎与材料力学课程内容无关,讲述这段故事的目的在于培养学生的意志品质。近年来在挫折面前"倒下"的学生越来越多,存在精神类疾病的现象已不是少数。帮助学生渡过心理脆弱期,直面复杂的社会环境,这项任务完全依赖于较年轻的学生辅导员是不够的,任课教师的言传身教往往会获得更好的效果。圣维南这段言行的正确与否无需评价,但其在多年逆境中坚持奋斗的精神让人敬仰,他对自然科学的巨大贡献无愧于科学界给予他的评价与地位。

另外,根据笔者的教学经历,有关圣维南原理的介绍应注意以下几个小问题:

① 学生往往大致明白圣维南原理的含义,但绝大多数学生无法准确描述圣维南原理的内容,建议以圣维南原理的原始描述作为基准讲述该原理;

② 圣维南原理的作用是讲述的重点,在此讲述圣维南在弹性力学解析解方面所做的工作是有益的,有助于学生理解圣维南给出该原理的原因;

③ 圣维南原理同样具有应用范围:对于薄壁构件,特别是开口薄壁扭转杆件问题,使用圣维南原理的描述需谨慎。

19.5　欧拉(Euler,1707—1783)

在材料力学课程的讲授过程中可以多次提及欧拉的贡献(相关图形见图 19.3),包括受横向载荷悬臂梁的挠度表达式、变截面梁的问题、大变形问题、压杆稳定问题中临界载荷的推导以及具有初始曲率杆的问题等。欧拉在数学与力学上的"多产"使他无愧于"伟大科学家"的称号,其生平更显"天才本色":1720 年进入巴塞尔大学、伯努利的学生、16 岁取得硕士学位、20 岁发表第一篇科学论文、1727 年进入俄国科学院、1733 年成为俄国科学院数学部主任、1741 年进入普鲁士科学院、1759 年主持普鲁士科学院工作。他的一生对数学、刚体力学以及材料力学中弹性线、稳定理论等都有重大贡献,先后出版了《曲线变分法》(1744)、《微积分导论》(1748)、《微分学》(1755)、《积分学》(1768)等经典著作。培养了大量优秀学生,18 世纪末、19 世纪初的大部分著名数学家都是欧拉的学生,孔多塞颂扬欧拉说[11]:"他的成就不是完全由论文所反映的。"

人们在津津乐道欧拉一生成就之时,可能少有提及这样一个事实:作为 18 世纪著述最多的科学家,欧拉 28 岁就一眼失明,晚年双目失明,还在助手协助下完成了 400 多篇论文,在其去世 40 年之后,俄国科学院的年刊仍在刊出欧拉的论文。这是一个非常好的素材,为"天才"与"勤奋"的关系给出了完美注解。在大学阶段,聪明反被聪明误的例子屡见不鲜。随着教育层次的提高与"天才"在工作环境中的不断聚积,勤奋与坚持的品质愈来愈成为一生成就的决定性因素。

另外,鉴于大多数教师提及欧拉均是在讲解稳定性问题的临界载荷公式推导之时,讲述该公式的来历与欧拉对弹性曲线研究的关系是有益的;欧拉对梁挠曲线的研究中,考虑了载荷与梁轴夹角的极限情况,由确定挠曲线的响应问题转向了临界载荷的稳定性问题。从人们熟知、看似平常的结论向前一步,也许就是伟大发现的根源。这种研究问题的思路与方法是值得向学生展示的。另外,欧拉临界载荷公式的提出与应用于工程实际之间相差百多年也是很好的例证,可用于说明基础理论与工程应用的关系,这对于学生理解现阶段国家重点加强基础研究的各项政策也有帮助。

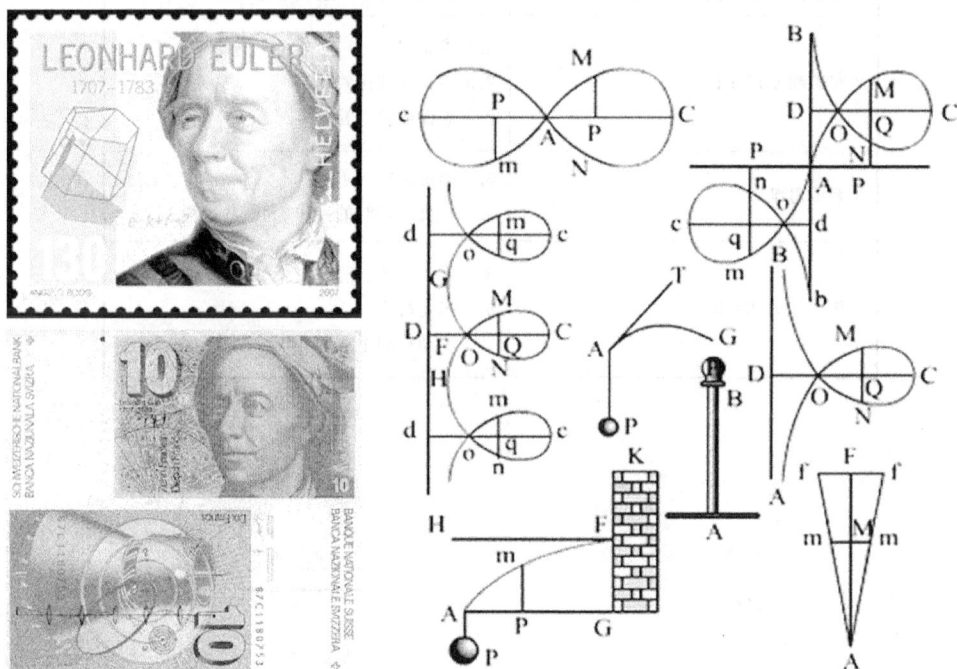

图 19.3 纪念欧拉的邮票、纸币与稳定性问题分析示意图

19.6　小结与建议

　　教书育人是教师的本职工作,全面、准确地讲解教材内容,即不遗漏、不讲错,仅仅表示教师完成了基本任务。在此基础上,基于知识结构框架培养学生能力体系属于更高层次的任务。对于理工科教学而言,为了避免教学成为公式与符号的"表演专场",利用身旁实物作为问题的起源,采用人物事件作为问题分析的旁证,展示工程实例作为理论问题的工程应用,是值得推荐的教学方法。而材料力学课程涉及许多科学家,大多具有能够"为我所用"的背景故事,以上人物仅是几个典型代表。讲述与引申他们的事迹,对增强课堂教学效果以及培养学生能力与品行有显著成效,因为我们始终相信"事实胜于雄辩"。

　　本章涉及学生能力培养体系的指标点如表 19.1 所列。

表 19.1　本章涉及学生能力培养体系的指标点

能　力	对应指标点
1 工程推理和解决问题的能力	1.1 发现问题和系统地表述问题
2 实验和发现知识	2.1 建立假设 2.3 实验性的探索 2.4 假设检验与答辩
3 系统思维	3.3 确定主次与重点 3.4 解决问题时的妥协、判断和平衡
5 职业能力和态度	5.1 职业道德、正直、责任感 5.2 职业行为 5.3 主动规划个人职业

第 20 章　青年教师培养体系建设

　　提升青年教师教学水平是保障学生培养质量的基础性工作,无论作为培训工作的指导者还是被培训的青年教师,都希望了解培养对象的教学水准与评价指标、教学发展道路、水平提升方式与操作细节。本章根据笔者多年的教学活动经历和观察思考,总结青年教师在成长经历中的表现与教学水平影响因素,涉及教学水平的表征特点和评价指标、督导检查要点、教学研究的内容与形式、教学比赛的辅导准备、教学论文的特色与要点等方面的讨论,供教学团队负责人与青年教师参考。

20.1　目的与意义

　　第 1 章论述了本书的写作动机与服务对象,作为一本以提升青年教师教学水平为特色的培训教材,绝大部分章节内容均为"载体"——通过对"载体"的学习与讨论,高效深化教师对教学内容的理解与强化教案设计的理念。尽管教学水平的提升效果以青年教师的主观意愿为前提条件,且严重依赖于时间投入与个体差异,但作为教学团队负责人或教学管理机构,总是希望加速推进青年教师的成长历程,所以各高校均成立以此为目标的院校两级教师发展中心、教学指导委员会或教学督导组,通过专项讲座、教师听课、点评互评等多种模式的培训,以期获得青年教师教学水平系统性提升。考虑到高校教师的教育经历(绝大多数高校教师并非来源于师范院校)和青年教师授课学生人数占比,以外部力量持续推动青年教师教学水平的提升显得不仅必要而且紧迫。事实上,目前高校教师的教学水平参差不齐,除了源于科研导向的主观意愿外,即便教师致力于提升教学水平,但由于观念与认知的约束,较大比例的教学工作属于低水准重复。

　　作为本书的最后一章,回应第 1 章的目标任务,以教学团队负责人或教学工作评价者的视角,探讨青年教师成长经历、教学水平评价指标、听课督导要点、教学比赛辅导与准备、教学研究内容与教学论文特色等方面的问题。这里需要强调说明,相对于前面各章的内容,本章问题的讨论不仅范围广而且结论偏于主观,所以这些观点属于"抛砖引玉"和"一家之言",仅供各位教师参考。另外,有关教学规范方面的内容,例如教学纪律、课堂仪容仪表、板书模式、教案制作技巧等方面,属于青年教师基础性培训项目,不在本章讨论范围之内。

20.2　教学成长路径与表征特点

尽管表达能力与学术背景各异，即使讲授课程与所从事的科研领域密切相关，由科学研究工作者成长为合格的高校授课教师也需经历一段历程，其原因归结为以科学研究成果为导向的自主学习和成果展示，与以培养能力为目标的知识传授过程有重大差异。尽管从过程上看都是资料研读和成果展示，但由于目的与受众不同，造成主线逻辑和表现形式各异。根据笔者对于自身教育教学经历的总结反思和对他人教学活动的观察学习，从教学内容与教学方法两方面评估青年教师教学成长路径，其大致表现为以下几个阶段：

① 初级阶段：全面覆盖，不错不漏；

② 中级阶段：重点难点，主次分明；

③ 高级阶段：教学逻辑，目标导向。

青年教师在承担教学任务的初期，其主要的工作是阅读教材并按照自己的理解进行课堂展示，如果在前几个教学轮次后做到教学内容全面覆盖、课堂讲授中不错不漏，就已经达到初步合格的水准。

随着教学内容熟练程度的提升和课堂教学经验的积累，教师有更多时间对过往的教学过程和教学效果进行总结反思，授课教师在教学活动中对于教学内容不再"一视同仁"和"均匀发力"，对于教学重点与教学难点的认知将反映在主线逻辑的设计、教学时间的分配以及例题习题的选择上，针对教学内容采取差异化的处理方式体现了授课教师对于教学内容的整体把握。

认识到教育教学的目标并不仅仅是课程涉及的知识点（或者最重要的目标不是课程知识点），讲授思维模式从学术逻辑转为教学逻辑（辅助或引导学生自主学习与探索），这是教学道路上的转折点也是绝大多数教师没有逾越的关键点。

初级阶段的显著特色是教学内容全而散——绝大多数高校教师来源于普通院校的博士或博士后，对于某一"狭窄"的专业领域有较为深刻的认知，多年科研工作的主要形式是研读资料和汇报阶段性结果，成果展示的受众主要是对于该领域背景与基础知识非常熟悉的导师和同行。即便所从事的科研领域与讲授课程关系密切，但博士研究工作深入的范畴相对于一门课程的内容而言还是比较狭窄的，因而青年教师在讲授课程的初期对于课程的内容，特别是基本概念以及章节内与章节间的内在联系，很难做到全面把握，在教学内容方面体现为不加选择，教学形式上表现为照本宣科。这个阶段教师的讲稿或是教材的 PPT 化，或是其他教师 PPT 的删减版（删除不理解或者不好讲的部分），即便在表现形式（配色、动画、排版）上加以强化，但对于教学目标达成的辅助效果并不明显。

中级阶段是大部分教师经过多年教学积累能够达到的水准，尽管在概念辨析、语言表达、应用领域、例题选择、板书设计等方面各有不同，但总体而言教学方法还是处于"学术逻辑"领域——其目标在于更加清晰地表达知识结构的细节与关联,着重于教材、着重于知识,与更高阶段的重要差异体现在"授人以鱼"而非"授人以渔",即知识的传承重于能力的培养。

高级阶段的进入很大程度上是意识到高等教育的最终目标是培养人而不仅仅是知识的传授,站在更高的位置审视所讲授课程的作用,思考讲授内容与方式如何支撑培养计划的知识能力指标点,并以此为导向重新梳理教学内容和逻辑主线,换言之,这个阶段关注点是学生而不仅仅是教材内容,讲解知识点的同时有意识地培养学生能力。事实上,从初级阶段到高级阶段,在教学内容上表现为逐步丰富到留空留缺,在教学表达上从避免犯错、准确表达到有意偏离或者多种表述,引导学生思辨与讨论而不仅仅是全盘接受。

高校教师教学水平达到高级阶段相对困难的原因除了个人意愿与努力程度外,很大程度上受到两方面的制约:一是绝大部分高校教师来源于普通高等院校,没有经历师范院校教育教学理念的训练;二是少有接触学校行政管理与专业建设,包括参与培养计划和教学大纲的制定,并不了解讲授课程在培养计划中的作用。

20.3 听课督导与评价指标

目前高校针对青年教师的培训与指导环节包括新教师入校培训、听课助教、课程试讲、督导检查、学生评价等多种形式,其中针对新教师的培训偏于学校教学纪律与规范,听课助教与课程试讲是教师独立授课的前置条件,而督导检查与学生评价是针对教师课堂表现的长周期记录。

基于目前高校的管理体制,教师独立授课之前不会对教师的教学工作提出具体评价和细节指导,即便是校级基础课程(有较大的教学团队)有比较规范的听课助教与课程试讲环节,但对于新教师也是以勉励为主,毕竟此时新教师并不是独立的教学任务责任人。所以本章对于该方面的讨论聚焦于教师作为教学任务责任人之后的督导检查与学生评价。

督导检查包括院校督导组教授听课和课程团队教授听课,前者属于大类专业专家检查,其重点是教师的教学基本功,例如教学纪律、板书教案、授课节奏、师生互动等,偏于教学手段的表现;后者属于小同行听课,主要关注教师的教学内容与教学方法,例如概念辨析、主次重点、顺序流程。学生评价是学期末学生通过教务系统设定的条目对任课教师进行评价,较好的设定项目一般重视学生学习感受。

基于 20.2 节有关教师成长路径和教学阶段特点的观察,结合本节高校教学管理机制的分析,以下讨论听课督导的思路与学生评价数据的使用。

首先需要强调,尽管快速提升青年教师的教学水平是愿景,但"一步登天"的想法是不现实的,经历每个阶段的顺序有其内在逻辑。对于自然科学领域的高校课程,跳过基本概念、理论体系与分析方法,直接跨入学生能力培养属于追求教学模式的形式主义。学生能力培养是根植于知识结构"框架"上的"花朵与果实",如果缺少了知识结构,能力培养属于"空中楼阁"。

基于以上的认知,对于新教师的培养,重点在于减少初级阶段与中级阶段全面达成所需要的时间。新教师在授课初期的几个轮次对于基本概念和理论体系的讲解很难做到"不错不漏",这种情况符合认知逻辑,也是正常现象。即便独立上课之前经历了听课助教的环节,如果新教师没有经历实际操作过程,在听课过程中只有宏观的认识,很难关注老教师对于教学细节的处理,而这些细节的处理方式往往是针对学生认知规律经过改进的结果。针对这个问题,建议采用教学团队导师制的方式,由同一门课程的教授全程听课指导,缩短初级阶段达成的时间,否则仅仅依靠新教师自身的感悟与总结改进,完全达成"不错不漏"将经历数倍的教学轮次。另外,将听课助教环节后移,在授课阶段形成新教师与指导教师相互听课共同研讨的模式,通过观察—实践—观察—实践的循环,其效果优于授课前的听课环节。

除了基本概念与教学内容的"不错不漏",对于课程内容全面覆盖的理解要符合学生认知规律。在这一点上对于那些研究领域与讲授课程密切相关的新教师,在指导时尤其需要强调。新教师过往的科研经历属于学术逻辑,对于问题的阐述在潜意识里追求全面和创新,学术演讲的受众理论基础普遍较高,全面性的描述不会造成认知困难,创新性的讨论也不会引发定位错配,这种理论上的全面性和性质上的特异性反而不符合初学者的认知规律,会极大降低教学效果。为了说明这个问题,这里列举一个不一定恰当的例子:笔者所在的北航学院路校园在东南西北各有 2~3 个校门,每个校门在开闭门时间范围、车辆进入类型与方向、公交地铁位置等方面各有差异,如果你希望给一个准备在校园住一段时间的新朋友介绍北航的交通,或者你需要在一个国际会议指南中编写交通部分的介绍材料,第一种模式是使用图表与文字详尽说明每个校门的特点,第二种方式是仅标出你认为最方便的一两条路线。前者就是追求学术上的全面性,适合于已经在北航生活多年的师生;后者属于教学逻辑,适合于初到北航的访问者。对于初学者而言,全面性反而造成认知上的困难,作为教师不用担心这种讲述上暂时的"缺失"对于长期性学习造成的问题,学生通过配套的练习以及随后章节的学习将逐步完善各个方面,如同经历几天最多一周后,初来者也会逐步熟悉校园的其他校门与交通路径,此时你可以拿出第一种模式的图表与之交流,如同在学生掌握基本理论与主线方法后,教师重新对以往的章节进行回顾和深入。

教师在中级阶段的进步主要依靠自身的感悟,或者说教学过程中对于学生学习效果反馈的改进:针对教学过程中学生表情、课堂提问、作业与考试等反馈信息,调整后期学时分配以及作业类型。在这个阶段中,可以通过课程团队的教学讨论获取经验数据,但不同专业的班级情况有差异,教师需要根据实际情况进行调整,如果将初级阶段的内涵比作"必选动作",中级阶段更像"自选动作"。教学方法应服务于教学效果,所以我们推崇"百师百味",对于课程团队已形成的教学范式可参考但不强求统一。

对于中级阶段以上层次的提升,仅仅依靠课程团队内部的力量是不足的,院校督导专家听课对于教师的指导在时间与范围上极其有限,教学团队负责人应主动邀请外部力量的介入与指导,包括相关课程名师、教学管理者、教育学专家等不同类型,其最大的作用不是演示如何讲授具体的知识点,而是开阔与转变思路。对于在讲授课程中深耕多年的教师,在教学内容与方法上有自身的经验总结并形成范式,但工作经历与研究领域的边界会限制教师的视角。例如,有工程经历或与工程单位有较为深入合作的高校教师,由于经常接触工程单位的设计人员,可以比较高校教师与工程设计人员在技术层面的差异:高校教师除了在基本概念的理解上更准确,最大的优势体现在看待问题更全面开放,尽管对具体对象细节数据的了解不如工程技术人员。这与授课教师的问题类似,在多年的教学过程中视角集中于教材内容与讲述方式,不太可能思考讲授课程对培养计划的支撑,以及授课模式与教育心理学有何关联,如同在大型工程单位由于专业细分,每个岗位的工程师往往只了解狭窄的领域。

学生评价是另一种视角的数据来源,相比教师评价,尽管学生评价在学术性方面不够专业,但作为听众,感觉更加直接具体。学生评价系统主要由校级教学机关主导,其设计思想有别于教师培养体系的宗旨,所以该类数据的使用应依据评价指标进行选择。通常学校教务处主导设计的学生评价系统在评价指标的"颗粒度"方面都比较"粗":一方面学生对于更加细小"颗粒度"的问题没有耐心也很难评价,另一方面也是更主要的原因在于一般情况下教务处将评价系统的数据用于各个学院的教学绩效分配,正常情况下教师群体的教学评价数据符合正态分布,评价指标的颗粒度并不影响正态分布数据的平均值,而教务处以学院为单位进行绩效分配的依据就是平均值。加之不同院系特别是文理艺体课程类型差异较大,所以校级教学管理部门没有足够的动力细化学生评价系统评价指标的颗粒度。对于学院或院系教学负责人,学院数据的整体平均值不是关注的重点,但不同教学团队的平均值与方差可以反映教学团队的状况:均值高说明教学团队整体状态好,方差大说明教师间差异显著。对于教学团队负责人而言,评价数据的上下限是关注的重点,尽管学生评价数据对于教师教学效果排序的中间阶段不一定准确,但上下限的凸显一定有合理性。

20.4　教学研究与教学成果

教学日常工作是围绕教材、教案、授课、作业、考试的反复循环,教学研究项目申请、教学成果申报、教学论文写作、参加教学比赛不属于常规教学工作,但在青年教师成长历程中有可能成为打开新领域的"触发器"、提升教学水平的"推进器"、确立地位的"纪念碑"。在学校考核评估体系的压力下,高校青年教师大都具有参与以上项目的意愿,但往往找不到"入口"。

教学研究、教学成果、教学论文、教学比赛之间有一定的内在联系,为了结构上的简洁与论述的方便,本节将教学研究与教学成果放在一起讨论,因为教学成果申报材料往往是系列教学研究项目的成效与总结。

青年教师申报教学研究项目与教学成果最大的困惑来自于教学研究的对象和内容是什么，以及什么成效和结果算是教学成果。

按照教育学的概念，教学研究是指对教学过程、教学方法、教材教具等方面进行深入研究并进行相应的改进和创新的一项工作。教学研究的目标是提高学生的学习效果和教师的教学效果，促进教育教学的发展。教学研究的内容包括以下几个方面：

① 教学设计：研究课程的设置，教学目标的确定，教学内容的选择和组织等。对教学设计的研究可以提高教学的合理性和有效性。

② 教学方法：研究教师在教学过程中采用的教学方法和策略，包括讲授、讨论、实验、示范、游戏等，旨在提高学生的学习兴趣和参与度。

③ 教材教具：研究教材的编写和使用，教具的选择和设计。研究优化教材教具可以增强学生的学习效果。

④ 效果评价：研究学生学习效果的评价方法和标准，分析学生学习的状况和水平。研究学习效果评价数据可以及时发现问题并改进。

教学研究的方法包括实地调查、访谈、观察、问卷调查、实验等。实地调查是指教师走进课堂，观察、记录学生在学习过程中的表现和问题，了解教学效果。访谈是教师与学生、同行、家长等进行交流，了解他们对教学的看法和需求。观察是教师对学生的言行举止、表情、反应等进行细致观察，了解他们的学习状态和问题。问卷调查是通过发放问卷，让学生或其他参与者填写，收集相关信息。实验是通过对照实验、单盲实验、双盲实验等方式，比较和分析教学策略和方法的效果。

作为高校的任课教师不必在意以上概念定义的准确性与全面性，但从中可以了解教学研究的研究对象、研究内容与研究方法。

作为有较长科研经历的青年教师，对于科学研究比较熟悉。科学研究与教学研究的差异，在某种程度上类似于科学与技术，或者说科学偏于"发现机理"，技术重在"设计实现"。教学研究更像工程设计——针对需要解决的问题，提出相应的解决方案，并通过教学实践的方式验证其效果。在方案设计之前也可能有影响因素的分析，但其重点是解决问题实现目标。

尽管教学研究包含多类研究内容，但作为非教育学方向的普通高校教师，建议开展教学研究一定要结合讲授课程的实际情况，以课程教学中亟需解决的问题为导向，戒"空"戒"大"。以目前笔者所在高校材料力学课程教学为例，经过几十年的发展沉淀，在目标、大纲、教材、内容等方面达成了比较统一的标准，相对而言，在学生学习效果的评价与数据收集、利用互联网资源改进教学方式等方面尚未达成共识。通过对比国内外高校类似课程的教学情况，开发基于移动终端的过程性评价系统用于提升学生学习主动性和学习效果是近年来笔者教学研究的主要方向之一。这与新专业或新课程建设初期的教学研究类型截然不同，新课程建设初期在目标定位、确定大纲知识结构和能力点支撑、教材研究与比较等方面具有更大的权重。

结合相关资料,下面给出教学成果的范围:

① 教学体系建设:包括教学理念、教学模式和教学规划等。

② 教学方法改进:包括新的教学方法、技能和经验等。

③ 课程设计创新:包括课程的结构、内容和评价方式等。

④ 效果评价体系:包括学生成绩、学生调查、教学反馈等。

可看出教学研究与教学成果在对象与分类上非常类似,通常教学成果的申报往往基于一个或数个教学研究,但需注意二者在阐述的理念上还是有差异的,特别是学院级教学研究项目,教学研究的对象更具体,解决方案对于特定范围效果更好,但一般情况下适用范围偏小。如果申报较高等级的教学成果奖项,其应用范围不能局限于一门课程的某个细节,其原因在于作为比较显著的"成果",不能仅仅服务于狭小的范围,至少对相关领域有较强的辐射作用和参考价值,或者更直白的描述是:教学研究主要解决自身的问题,而教学成果更关注给出的方案是否能够解决更大范围的问题。

20.5　教学比赛

教学比赛分为教学基本功比赛、课程类教学比赛、专项比赛几种类型,教学基本功比赛属于学科大类比赛,一般由各地的教育教学管理机构主办,例如北京市由北京市委教育工作委员会举办,各校对口机构是校工会;课程类教学比赛的主办机构一般是教育部的各专业教指委,各校对口机构是校教务处,主要针对某一门或几门专业基础课程进行比赛;专项比赛是基于教育部或行业阶段规划的导向性活动,例如微课慕课、创新创业、课程思政等。考虑到持续性与普遍性,这里主要讨论教学基本功比赛和课程类教学比赛。

教学基本功比赛常分为理工组、社科组以及特殊类(如思政、外语专项),总体而言偏重教学表现形式,例如仪态语言(吐字、节奏、身姿、表情)、PPT 与板书设计(字号、色彩、排布、顺序)、互动交流(教学效果反馈与处理方式)、引申扩展(应用领域、机理本质、方法论、思想品质)等。

比赛中对选手的评价大致依据主观性指标与客观性指标,以上所述对于表现形式的评判基本属于主观类型,客观指标着重在教案设计与演示过程的协调性判断。具体而言,选手给出的教案设计中包含教学内容、目标、重点难点、时间分配等。教学内容本身没有优劣之分,作为非同一课程讲授教师的评委很难判断选手选择的教学内容在课程整体视角上的重要性与讲述难度,但评委会关注教案中列出的教学重点、教学难点与教学目标:针对教学重点,在教学演示过程中在时间分配上要协调,主线逻辑应围绕教学重点展开;针对教学难点,主要关注选手的处理方式,通过何种方式简化问题以及是否使用类比的方式关联学生已有的知识基础;最终通过教案设计与演示过程的契合程度判断教学目标的达成度。

　　教学内容的选择对于后期的教案设计与展示甚为关键,也反映了选手对于教学方法的理解。一般而言,对于理工或社科的大组,建议选择相对简单的、带有部分引导性的教学内容,例如每个章节的初始部分,其原因在于:大类比赛中课程类型成百上千,评委(10～20 人)属于大类专家,即便选手对某些知识细节的理解非常深刻,但很难在较短的时间内让非本课程教师理解其价值。反观单一课程类教学比赛或者思政、外语类单项比赛,评委都是讲授同一门课程且具有多年授课经验的教师,站在专业课程评委的角度,选择偏于科普的教学内容降低了教学难度,对于此类比赛建议选择具有一定深度或研讨性的教学内容,讲解方式与细节处理需要展示创新性。总体而言,对于教学内容的选择与处理,对于大类比赛需要让评委感觉到,以他们的知识背景"抓住"了教学内容的本质;对于单一类课程类比赛,让评委有一种"于无声处听惊雷"的感受,例如"这些内容还能这样讲述",或者"这个教学点的细节我过去为什么没有注意到"。

　　一般而言,参加教学比赛的选手都属于教学经验比较丰富,而且对于教学有相当投入的教师,所以仅仅依靠规范与熟练很难获得更好的位次,加分项往往是教学内容与展示的表现力,包括上面提及的引申扩展,即如何构建叙事结构,在理论与方法的知识框架上展示教学方法,凸显授课内容在应用领域、机理本质、方法论、思想品质培养等方面的扩展升华。这属于教案设计的领域,尽管教学比赛的内容、主题与形式多样化,但讨论教案设计基本原则是有益的,以下结合材料力学课程讨论该方面的内容。

　　如果将教材类比为原著,教案设计就是剧本,教学比赛的教案更像一场短剧的剧本,而其中的叙事结构甚为关键,这里以一种结构化叙事模式为例展示其机理。

　　在教学大纲规定范畴的内容是课堂教学的基本内容,但简单、直白地讲述基本内容在教学效果上是"苍白"与"平面"的。对于学生而言,这仅仅是一系列需要去记忆的"考点"。如何让课堂教学显得色彩丰富且立体感十足,除了教师的教学表达外,教学内容的结构与层次安排是非常关键的,其原因可以通过以下的问题体现。

　　尽管教师为提高教学效果花费了大量的时间与精力,但同样不可否认学生上课学习也是十分疲惫的,学生可以不问其中的原因,但作为教师应该思考其中的道理。上课无非是老师讲,学生听;老师演示,学生看;老师提问,学生回答。事实上,与这种模式类似的活动有很多,例如听故事、看影视,但少有人提出在这些活动中感觉很累,都是一方演示,一方接受,但感觉截然不同。究其原因在于教科书的内容仅仅是"结局",它是研究者经过大量科学工作获得的经验总结,是一个最终结论。尽管教科书上也有一些与之相关的推导,但那只不过是为了证明其成立的公理逻辑体系,就简洁性而言是优美的(以学术逻辑展开的教科书也必须这样编写),但从讲述与展示的观点上它是残缺的,所以讲述者的任务就是补充完整这个"故事",让它处于合适的位置,从不同的视角去展开、去描述、去欣赏。这是教学方法中有关内容结构与层次安排的主导思想,也是我们常说"讲课"与"讲书"的重要差异。

一般而言，理工科课程教学有标准的步骤：从背景与问题引入，建立其物理模型与数学模型，分析推导基本公式，得出结论、适用范围以及对问题机理的解释。上述所谓使"故事"完整、立体、丰富并不是完全丢弃经典的讲授模式，而是根据教学内容的特点以及教学期望的目标，用合适的模式展开，重点突出展示某个部分，最好让它自己"说话"。

在材料力学基本教学内容中，杆件应力分析是主体内容，以梁的弯曲应力讲述为例，多数的教师均在引入弯曲平面假设的基础上直接推导应力公式，对于学生而言，必须集中所有的注意力去接受与理解每一个推导步骤，这种教学方式本身不能说是错误的，但从材料力学课程训练的视角来看，演示这些公式推导过程是教学的重点吗？事实上，这些公式推导过程在教科书上是完整的，尽管有些关键点需要教师加以指点，但仅仅展示公式推导绝不是教师的主要任务。从该部分内容的特点上看，利用弯曲平面假设简化分析过程、利用变形协调＋物理本构＋平衡条件解决静不定问题、有限静不定度与无限静不定度问题在表达上的异同，这些问题的处理思路与分析方法是该部分的特点，也是应该讲述的重点。但是直接点出这些特殊点并给出处理方法，对于学生而言就是需要理解记忆的知识点，背离了初学者的思维模式。所以可以考虑从问题的起源和研究过程引入，讲述伽利略的均布应力假设与马略特的单三角和双三角分布假设，重点展示这部分研究历程与思路。这种朴素的思想与假设使学生很容易接受，因为同学们设想自己如果处于当时的时代也会做出这样的假设，也极有可能重复同样的问题。一方面把问题放在时间的尺度上使之有"景深"，另一方面提升学生的科学研究自信。根据该部分教学内容的特点与目标，设计的教学方案特色在于：详细展示问题来源与研究历史，一方面说明如何基于假设简化问题分析，另一方面消除分析方法与过程给学生带来的陌生感（背景故事的作用），最终通过比较不同解决方案的结果展示研究方法的作用（从不同视角去展示、描述与欣赏）。

再如，材料力学课程中压杆稳定性被安排在完整讲述了杆件的强度与刚度问题之后，此时学生们对材料力学强度与刚度的分析方法有了比较深入的理解，所以这部分的内容可以从问题与矛盾入手。一个细长压杆的强度破坏载荷与日常经验（或实验验证）引出的矛盾是引发思考与兴趣的极好方式（矛盾冲突是最为常见的叙事结构开端）。尽管该部分也有研究历史——欧拉的弹性弯曲挠度理论研究，但这部分历史放在基本内容（欧拉公式推导）完成后讲述更好。一方面由矛盾冲突引入故事的效果更好，另一方面欧拉公式的研究历史讲述放在结论之后可以有更多时间比较柱与梁的关系，展示在科学研究中具象思维模式与抽象思维模式在问题发现中的作用，说明为什么欧拉公式在提出后的上百年内没有广泛应用的原因，进而引出基础研究与应用研究的关系，这种安排的开局比较紧凑，在叙事层次上比较丰富。

在学术结构层次上，稳定性问题的特色在于其类型（特征值问题）与分析状态（偏离初始平衡位置）有别于强度与刚度问题，所以讲述安排中稳定性的概念是基础（平衡状态的稳定性），稳定性问题的分析状态是特色，稳定性问题数学方程中内力的表达是关键(内力与状态相关,具体到压杆是弯矩与挠度有关,这是稳定性问题与响应问题的数理本质差异)。讲述两端简支压杆稳定性的推导就是体现以上基础、重点与关键的过程,而之前刚体稳定性的回顾与刚杆-弹簧系统稳定性的讲解是前导。

由以上两个例子可以看出,尽管都是讲述教科书上的内容,讲述过程中也涉及常规模式中的多数环节,但不同的讲述方法可以获得不同的效果。"讲书"就是讲"结局","讲课"就是讲"过程",并通过"故事"展开思想,希望学生可以从不同的时间角度与空间位置去观摩这个"结局"。

事实上,故事、电影、讲课无不如是,最好的讲述者不是直白地告诉你这是什么,它是好的或坏的,直接给出结论去说服听众与观众是苍白的,但可以按照讲述者的观点去组织材料内容与人物关系,引导听众与观众趋于讲述者的结论,这也是前面提到的——需要让评委感觉到,以他们的知识背景"抓住"了教学内容的本质。换言之,教师提供材料、构造场景、推动过程甚至堵住其他的旁路,让听众感觉是自己推导出唯一正确的结论。

尽管教学比赛中呈现给观众的是表现形式,但参与教学比赛的教师与参演影视剧的演员的身份与角色不同:①参赛教师不仅是演员,还是编剧、布景与导演,教案设计中剧本的结构是关键,对开端、发展、转折、高潮、结局的各个环节进行设计并调整顺序,以此凸显教师的教学意图;②参赛教师的角色不是常见的人物类型,可以是"导游",例如参观与讲解的场景、内容是教师自己打造的,也可以是"检察官"或"公诉人",偶尔也充当"律师",不断举证和推动过程引导陪审团成员获得结论。

20.6　教学论文

教学论文也是教学研究的成果形式,承担教学工作的主体是课程教师,与之相关的教学论文以讲授课程内容为对象,讨论其中某个具体问题的解决方案。尽管从形式上看教学论文会涉及教学内容与教学方法,但作为教学管理或教育学研究的教学论文更偏于宏观,本节主要讨论与课程相关的教学论文。

除了审理学术杂志的科研论文,笔者作为编委审理了数百篇《力学与实践》"教育研究"栏目中与材料力学相关的教学论文,《力学与实践》杂志的"教育研究"栏目在基础力学教学领域具有较大的影响力,本节以《力学与实践》"教育研究"的论文为例,论述教学论文的写作要点。

《力学与实践》是中国力学界唯一常设"教育研究"栏目的杂志,从一九七九年创刊至今的四十多年中刊出了许多优秀的教学论文。在现今林林总总的专业杂志中,《力学与实践》的定位是非常独特的——"为读者服务"而不是"为作者服务",这也是优秀教学论文最为明显的特征。

在《力学与实践》杂志的各个栏目中,"教育研究"栏目拥有最为稳定的读者群和最大的投稿量,试想全国千余所本科院校大多都涉及基础力学的课程教学,相关教师数以千计,对于专业杂志而言这是一个可观、稳定的读者群与投稿群。尽管"教育研究"栏目的投稿量非常大,但能做到"为读者服务"的教学论文数量并不多,笔者认为对广大基础力学教师"有益"是教学论文的立足点,表现在对课堂授课"有益",对答疑解惑"有益",对教材编写"有益",对教学安排"有益"。由于内容与形式具有多样性,给出优秀教学论文的特点比较困难,但给出"无益于读者"教学文章的特征相对容易。这里针对教学论文的内容与模式提出若干意见与建议,供有意撰写教学论文的教师参考。

(1)特点 1:研讨内容的扩大化

教学论文研究的对象和主体应限于主流经典教材所涉及的教学范畴。专业杂志的研究论文不被"阅读"与论文的水平无关,而在于其研究对象与范围非常"聚焦",即使对于同一学科甚至同一专业方向的绝大多数研究者而言都不熟悉,只有与之相关度非常高的极少数研究者感兴趣。作为教学论文,就应该讨论本课程的教学内容,这种在内容上的"熟悉感"才可能使读者关注,进而对教师的教学工作有帮助。在该方面最为常见的偏离是研讨内容的扩大化:针对教学内容并不意味着割裂与其他相关课程的联系,但关联其他课程内容是为了分析本课程的问题,而不是扩大该课程的外延。如同教师讲授某一课程需要全面了解专业大类的知识,理解该课程在课程体系中的位置与作用,目的是便于在本课程讲授过程中把握"边界与程度"。选择教学论文的研究对象同样如此,使用其他相关理论与方法说明本课程的问题是值得鼓励的,但不能背离这个基本点。

(2)特点 2:研究工具的主体化

为了更为清晰地展示相对复杂问题的结果或提升教学效果,使用各类软件工具给出图形图像值得鼓励,但作为针对课程教学的论文,工具与目的的界限需要明晰。例如,使用有限元数值方法模拟相对复杂结构内部的应力应变以及外部变形状态,向学生展示相关参数的分布规律和变化过程,这种结果可视化的工具在教学研究中值得推广,但教学研究的目标是课程教学中的具体问题,软件只是工具,不能是教学论文的主体。如果教学论文的大量篇幅用于介绍软件功能和描述软件操作,势必偏离教学研究的初衷。又如,介绍相关软件辅助剪力弯矩画图作业,如果作为一个课后大作业,让分组学生完成该类软件的编制还属于可接受的范畴,但提供软件工具辅助学生高效完成剪力弯矩图的作业不可接受,因为剪力弯矩图作业的目的不是画图本身,而是在手工画图的过程中强化对载荷与内力相互关系的理解,使用快速工具反而背离了作业的目的。

(3)特点 3:教学研究项目结题模式的空泛化

由于教学研究项目有教学论文的指标性要求,往往教学研究项目的承担者将研究项目结题报告作为教学论文进行投稿,尽管教学论文的问题或内容的确可能来源于教学研究项目,但结题报告与教学论文在形式上有本质差异。结题报告的主体是项目完成情况与成果展示,教学论文关注课程教学具体问题的分析与方案设计,在项目结题报告中不会涉及如此"细小"的颗粒度。区分这类结题报告类型教学论文的关键点在于:如果将论文中背景对象换成另外的课程或专业,这篇文章的逻辑主线不仅成立,而且结构也基本完整。

(4) 特点4:研讨项目的复杂化

在教学创新性的指标要求下,一大类教学论文讨论创新性实验与研讨性教学项目。将实际工程对象作为背景素材开展课内与课外的实验与研讨项目,对于促进学生动手尝试、辨析概念、强化能力是有益的,但是需要特别注意项目对象与内容的选择,其中一条原则是:对目标的影响因素相对单一,通过比较简单的推导计算可以获得清晰的结论。该类论文中普遍的问题是:项目选择的研究对象的影响因素比较复杂,导致研究的结论不明晰。看似为了培养学生解决复杂系统工程问题的能力,但在单一课程教学的领域,对于本科生的知识基础,项目研究很难获得明确结论,主体过程显得"虎头蛇尾"。在本书第17章中特意强调"问题最终可以通过简单的分析运算获得非常明确的结论,工程实际问题影响参数较多且分析数据过于繁杂,更适合课程教学的背景介绍与应用扩展,不宜作为课堂教学深入研讨的内容"。

以上是教学论文中常见的几种问题,归根结底还是违背了教学论文的基本标准:是否对授课教师具有较大的参考价值。如果论文讨论的内容对于讲授相同课程的教师而言不属于基本讲述内容,相对教材需要更为烦琐的计算方法,属于过于复杂或没有明确结论的研究项目,那么这样的教学论文对于教学而言其价值需要仔细斟酌。

20.7　小结与建议

教学与科研是高校教师的主体工作,人员素质是决定性因素。相对而言,教学水平的提升更为紧迫,其原因在于进入高校的门槛条件是人员的科研水平,能够进入高校的青年教师已经具备独立从事科研工作的较高素养,但教学经历近乎为空白。在工作模式上,科研工作偏于"发现机理",教学工作属于针对已有理论的"设计展示",由于长期科研工作的经历,青年教师思维模式的转变也需要时间。

青年教师的培养仅仅依靠入校的培训与院校督导组的听课远远不够。在承担教学任务的初期,针对课程教学的教研室可以发挥决定性作用,同一教研室教师的指导与相互听课讨论,对于帮助青年教师达到初阶教学水准的作用最为直接。

初阶水平之上教学水平的持续进步,除教师在课程教学过程中的经验总结与改进外,更为有效的手段是参与外部教学活动,包括参加教学比赛、申请教改项目、参与教学管理、撰写教学论文、申报教学成果等相关工作。

对于本章内容再次说明,相对于其他章节对于材料力学教学内容的讨论,本章的探讨带有作者较强的主观性与局限性,属于"一家之言",仅供参考。

参考文献

[1] 孙训方,方孝淑,关来秦. 材料力学[M]. 6 版. 北京:高等教育出版社,2019.

[2] 刘鸿文. 材料力学[M]. 6 版. 北京:高等教育出版社,2017.

[3] 单辉祖. 材料力学[M]. 4 版. 北京:高等教育出版社,2016.

[4] 范钦珊. 材料力学[M]. 3 版. 北京:高等教育出版社,2014.

[5] Gere J M. Mechanics of Materials[M]. 8th ed. 北京:机械工业出版社,2017.

[6] Hibbeler R C. Mechanics of Materials[M]. 10th ed. [S. l.]:Pearson Education Inc.,2017.

[7] 徐芝纶. 弹性力学[M]. 4 版. 北京:高等教育出版社,2006.

[8] 梅凤翔. 工程力学[M]. 北京:高等教育出版社,2005.

[9] Timoshenko S P, Goodier J N. Theory of Elasticity[M]. 3rd ed. [S. l.]: McGraw – Hill Education,2013.

[10] Young W C, Budynas R G. Roark's Formulas for Strain and Stress[M]. 7th ed. [S. l.]:McGraw – Hill Companies, Inc.,2002.

[11] Timoshenko S P. History of strength of materials[M]. [S. l.]:McGraw – Hill Publishing Co.,1953.

[12] 梁思成. 营造法式注释(卷上)[M]. 北京:中国建筑工业出版社,1983.

[13] 陈明达. 营造法式大木作制度研究(上)[M]. 北京:文物出版社,1981.

[14] 陈明达. 营造法式大木作制度研究(下)[M]. 北京:文物出版社,1981.

[15] 徐怡涛. 营造法式大木作控制性尺度规律研究[J]. 故宫博物院院刊,2015(6): 36-44.

[16] 王南. 规矩方圆 天地之和——中国古代都城、建筑群与单体建筑之构图比例研究[M]. 中国城市出版社,2019.

[17] 周爱萍,黄东升,车慎思,等. 竹材维管束分布及其抗拉力学性能[J]. 建筑材料学报,2012(5):730-734.

[18] 车慎思. 毛竹细观结构与力学性能试验研究[D]. 南京:南京航空航天大学,2011.

[19] 钱伯勤. 梁弯曲剪应力的材料力学公式对哪一类截面是精确的?[J]力学与实践,1986,8(6):34-37.

[20] 肖芳淳. 梁内剪应力公式一种新的讲法[J]. 力学与实践,1991,13(3):66-67.

[21] 罗开彬. 也谈矩形截面梁剪应力公式推导[J]. 力学与实践,1996,18(4):57-58.

[22] 薛福林. 我看"矩形截面梁剪应力计算公式的严格推导"[J]. 力学与实践,1994,16(5):67-68.

[23] 蒋持平.材料力学常见题型解析及模拟题[M].北京:国防工业出版社,2009.

[24] 夏平,卿上乐,贺永祥.不同承载结构形式承载能力的比较[J].湖南工程学院学报,2006(3):35-37.

[25] 武际可.鸡蛋壳的启示[J].中外文摘,2010,20:24.

[26] 单辉祖.材料力学问题、例题与分析方法[M].北京:高等教育出版社,2006.

[27] 殷有泉,励争,邓成光,材料力学(修订版)[M].北京:北京大学出版社,2006.

[28] West J B. Robert Hooke: early respiratory physiologist, polymath, and mechanical genius[J]. Physiology,2014,29(4):222-33.

[29] 老亮.矩形截面扭杆应力分布图之正误[J].力学与实践,1981,3(3):79.

[30] 蒋持平,严鹏.计算梁与刚架位移两类叠加法的适用范围[J].力学与实践,2003,25(6):62-64.

[31] 蒋持平,严鹏.逐段变形效应叠加法的能量法证明及其推广[J].力学与实践,2004,26(4):66-67.

[32] 李尧臣.关于逐段变形效应叠加法的证明与讨论[J].力学与实践,2007,29(6):64-65.

[33] 胡伟平,孟庆春,吴国勋.无约束反对称静不定刚架截面相对位移的解法[J].力学与实践,2009,31(2):78-79.

[34] 刘鸿文,吕荣坤.材料力学实验[M].4 版.北京:高等教育出版社,2017.

[35] 同济大学航空航天与力学学院力学实验中心.材料力学教学实验[M].3 版.上海:同济大学出版社,2012.

[36] 靳帮虎.材料力学实验[M].南京:东南大学出版社,2018.

[37] 董继蕾.材料力学实验[M].合肥:中国科学技术大学出版社,2019.

[38] 邹广平.材料力学实验基础[M].2 版.哈尔滨:哈尔滨工程大学出版社,2018.